写给**设计师**的书

服装配色

设计手册

（第**2**版）

李芳◎编著

清華大学出版社

北京

内 容 简 介

这是一本全面介绍服装设计的图书，特点是知识易懂、案例易学、动手实践、发散思维。

本书从学习服装设计的基础知识入手，循序渐进地为读者呈现出一个个精彩实用的知识和技巧。全书共分为 7 章，内容分别为服装配色的原理、服装设计的基础知识、服装设计的基础色、服装的风格和类型、服饰的材料和图案、服装饰品与时尚元素、服装配色设计的秘籍。同时本书还在多个章节中安排了案例解析、设计技巧、配色方案、设计欣赏、设计实战、设计秘籍等经典模块，丰富了本书内容，也增强了实用性。

本书内容丰富、案例精彩、版式设计新颖，适合服装设计师、初级读者学习使用，也可以作为大中专院校服装设计专业、服装设计培训机构的教材，同时也非常适合喜爱服装设计的读者朋友作为参考用书。

图书在版编目 (CIP) 数据

服装配色设计手册 / 李芳编著 . —2 版 . —北京：清华大学出版社，2020.6
（写给设计师的书）
ISBN 978-7-302-55470-7

Ⅰ . ①服…　Ⅱ . ①李…　Ⅲ . ①服装色彩－设计－手册　Ⅳ . ① TS941.11-62

中国版本图书馆 CIP 数据核字 (2020) 第 083946 号

责任编辑：韩宜波
封面设计：杨玉兰
责任校对：李玉茹
责任印制：沈　露

出版发行：清华大学出版社
　　　　　网　　　址：http://www.tup.com.cn, http://www.wqbook.com
　　　　　地　　　址：北京清华大学学研大厦 A 座　　　邮　　编：100084
　　　　　社 总 机：010-62770175　　　　　　　　　邮　　购：010-62786544
　　　　　投稿与读者服务：010-62776969, c-service@tup.tsinghua.edu.cn
　　　　　质量反馈：010-62772015, zhiliang@tup.tsinghua.edu.cn
印 装 者：涿州汇美亿浓印刷有限公司
经　　销：全国新华书店
开　　本：190mm×260mm　　　印　　张：13.25　　　字　　数：322 千字
版　　次：2016 年 7 月第 1 版　　2020 年 7 月第 2 版　　印　　次：2020 年 7 月第 1 次印刷
定　　价：69.80 元

产品编号：081489-01

本书是笔者从事服装设计工作多年的一个总结，以让读者少走弯路、寻找设计捷径为目的。书中包含服装设计必学的基础知识及经典技巧。身处设计行业，你一定要知道，光说不练假把式，因此本书不仅有理论、有精彩的案例赏析，还有大量的模块启发你的大脑，提高你的设计能力。

希望读者看完本书以后，不只会说"我看完了，挺好的，作品好看，分析也挺好的"，这不是笔者编写本书的目的。希望读者会说"本书给我更多的是思路的启发，让我的思维更开阔，学会了举一反三，知识通过消化吸收变成了自己的"，这才是笔者编写本书的初衷。

本书共分 7 章，具体安排如下。

第 1 章　服装配色的原理，介绍服装设计的含义，点、线、面，五大原则，基本流程，术语与组成结构等知识，是最简单、最基础的原理部分。

第 2 章　服装设计的基础知识，包括色彩、体形、肤色、搭配的忌讳、色彩印象 5 个部分。

第 3 章　服装设计的基础色，从红、橙、黄、绿、青、蓝、紫、黑、白、灰 10 种颜色，逐一分析讲解每种色彩在服装设计中的应用规律。

第 4 章　服装的风格和类型，介绍服装设计的 15 种不同风格和 7 种不同类型。

第 5 章　服饰的材料和图案，包括 7 种不同材料、7 种不同图案的服装设计。

第 6 章　服装饰品与时尚元素，包括 6 种服装饰品、7 种时尚元素。

第 7 章　服装配色设计的秘籍，精选 15 个设计秘籍，让读者轻松愉快地学习完最后的部分。本章也是对前面章节知识点的巩固和理解，需要读者动脑思考。

本书特色如下。

◎ 轻鉴赏，重实践。鉴赏类书籍只能看，看完自己还是设计不好，本书则不同，增加了多个动手的模块，让读者边看边学边练。

◎ 章节合理，易吸收。第 1 ~ 3 章主要讲解服装设计的基本知识；第 4 ~ 6 章介绍服装设计的风格和类型、材料和图案、饰品与时尚元素等；最后一章则以轻松的方式介绍 15 个设计秘籍。

◎ 设计师编写，写给设计师看。针对性强，而且了解读者的需求。

◎ 模块超丰富。案例解析、设计技巧、配色方案、设计欣赏、设计实战、设计秘籍在本书中都能找到，一次性满足读者的求知欲。

◎ 本书是系列图书中的一本。在本系列图书中读者不仅能系统地学习服装设计，而且还有更多的设计专业供读者选择。

希望本书通过对知识的归纳总结、趣味的模块讲解，能够打开读者的思路，避免一味地照搬书本内容，推动读者自觉多做尝试、多理解，增强动脑、动手的能力。希望通过本书，激发读者的学习兴趣，开启设计的大门，帮助你迈出第一步，圆你一个设计师的梦！

本书由李芳编著，其他参与编写的人员还有王萍、董辅川、孙晓军、杨宗香。

由于时间仓促，加之编者水平有限，书中难免存在疏漏和不妥之处，敬请广大读者批评和指正。

编　者

目录
CONTENTS

第4章
服装的风格和类型

第5章
服饰的材料和图案

第6章 IIIIIIIIIIIIIIIIIIIIIIIIII

服装饰品与时尚元素

第7章 IIIIIIIIIIIIIIIIIIIIIIIIII

服装配色设计的秘籍

服装配色的原理

　　常见的颜色按色系划分可分为冷色系、暖色系和中性色系。按色环划分又可分为同类色、相近色、对比色和互补色。在服装色彩搭配中每种颜色都有不同的寓意，结合自身的条件以及性格特征，就能够找到最适合自己的服装色彩搭配。

　◆　服装配色使用明艳色调色彩调和，较高的色彩明度能够给人以欢乐、阳光、时尚、积极等视觉印象。但过于亮眼的配色可能会给人浮躁、厌烦的感觉，可以通过黑白无彩色进行适当的调和，缓和视觉上带来的冲击力。

　◆　使服装整体设计具有层次感，可以使用单色或多色搭配，服装按照色相、纯度和明度有规律地排序搭配，服装整体配色造型呈现出强烈的节奏感。

　◆　在服装配色设计中，隐含对比色的复合色调仍具有显著的色彩倾向。复合色由三种原色按照不同比例调和而成，复合色的色彩纯度较低，所以比对比色的效果更为含蓄温和。

1.1 服装设计的含义

　　所谓服装设计，就是在结合穿着者的性格特征、出行场合以及个人见解的基础上，进行构思，绘制草稿效果图，然后逐步改进完善而成的设计方案。服装设计不是一味地模仿，也不是只顾吸取新鲜美丽的事物，而是需要在模仿中提炼出精华，树立独特自我的审美价值。

　　服装设计是一种思维和物化相结合的表现形式，通过丰富的思维活动，结合合理的指导方法，形成多种方案设想，再经过筛选得到最终方案。

　　服装设计围绕着以穿着者为根本的宗旨，在考虑潮流美观性的同时，还应注重实用性。服装的发展历史与人类繁衍生息的文化发展有着密切的联系，服装设计本身如同艺术创作一样，在实用的基础之上开拓创新，点缀日常生活，满足人们对美的追求和向往。不同国家、不同地域和不同时代的人们，其审美观念各不相同，服装设计的魅力也正源于此。

◎1.1.1　服装设计的特点

服装设计以人体作为造型基础，讲究服装整体的色彩和谐搭配、比例的黄金分割、考究的构成形式等。服装附着在人体皮肤表面，相当于第二层皮肤，良好的服装设计应以人体工学为辅助，达到实用性和美观性的和谐统一。优秀的服装设计不仅可以遮盖身材上的某些缺点，还可以将优点放大，设计师可以用一双巧手为人类塑造更为优美的造型。

◎1.1.2　服装设计的分工

服装设计不单单指服装的款式设计，还包括服装制作工艺设计、服饰结构设计两个方面。对服装的设计工作进行细致考究的划分，是将产品设计做得更为精致到位的主要因素。

服装工艺设计涉及正常服装生产规范，包含主体布料和辅助材料、尺码规格的定制打版与制作流程以及设备工具和成品质检等步骤。工艺设计在服装整体设计中起着至关重要的作用，合理的工艺设计不仅可以维护优秀的服装品质，还可以节约一定的生产成本。集合设计者的智慧，能够将工艺设计的效益发挥到最大化。

◎ 1.1.3　服装设计的发展

要想了解服装设计的发展阶段，需要充分结合时代背景和所处的社会环境。服装设计的发展主要分为手工制作阶段、批量成衣制作阶段和个性化定制阶段。现代社会这三种发展方式仍然存在着，所以一定要在服装设计开发制作的基础上准确定位，以谋求长远发展。

在手工业制造盛行的年代，没有创新的穿衣风格，服装制作面料和工艺也相对固定，在当时自给自足的社会条件下，人们将自己精湛的手工技巧与制作工具传承下来，源远流长。

工业革命后人类步入工业化时代，由于飞速增长的人口对服装的需求量较大，于是批量成衣制作的大时代就到来了，从用料的选择再到加工制作，直到推广和售后，已经形成了基本的规模体系。

随着科学技术的高速发展，电子信息技术的大数据时代来临，此时人类已经远离战火硝烟并接受知识的洗礼，对服装的鉴赏能力也是千差万别。只有充分了解穿着者的需求，站在穿着者的角度来进行设计思考，设计出的服装才能够被消费者所认同。

◎ 1.1.4　服装设计的条件

服装设计的条件分为主观条件和客观条件。主观条件并非设计师结合自身所学和审美观点制作出的服装主体本身，而是主体服装带给人的视觉感受以及独特的象征表达，现代服装设计并不是单一的表达方式，只有秉承以人为本的判断定位才能设计出优秀的服装搭配。

服装设计拟定穿着者为消费人群，结合人物、时间、地点、风格和设计思路为出发点，有针对性地进行服装搭配设计，以提高服装整体设计的成功率。

1.2 服装设计中的点、线、面

在服装设计中，点、线、面是可以互相转换的，点规律地排列可以变成线，点放大可以变成面，线延展可成为面，线有序地排列可以成为线性面。在服装设计中，合理运用点、线、面之间的模糊性关系，进行灵活安排，可以收获意想不到的效果。

服装设计是立体造型的范畴，点、线、面是服装构成的重要组成因素，无论服装款式色彩如何改变，服装设计都是结合有机法则进行点、线、面的交汇、穿插、覆盖。

点、线、面是平面空间的元素，是几何学里的基本概念。任何艺术都有自身的闪光点，造型则是艺术语言的表达形式，其形态丰富多变。在一般情况下，点作为零维对象，线作为一维对象，面作为二维对象。点动成线，线动成面。

◎1.2.1　点

点在服装整体造型设计中，面积较小，却占据着主要位置，具有引人注目、引导视线等作用。点处于服装任意形态位置，都会给人以截然不同的视觉感受。

（1）点处于整体服装中心时，呈现出收缩或扩张的效果。

（2）处于服装整体一侧的点，会给人以飘忽不定的游离感。

（3）服装设计中竖向排列的点，在视觉感受上能起到一定的提升拉伸作用。

（4）大量大小不一的点在服装设计中，能够产生一种极具节奏的错位立体感。

◎1.2.2　线

线是由点的轨迹转化而成的，分为直线和曲线两种。摆放位置、长短、粗细的不同，都会给人以截然不同的视觉感受。例如，水平的直线给人以平和安静的印象，斜线则具有深度和方向感。

在服装设计中，线的表达方式多种多样，例如，面料线条花纹、装饰线条、轮廓线条、褶皱线条以及剪辑线条等。线条以多变独特的姿态，点缀装饰着服装设计的表现力与创造力。

◎1.2.3 面

点动成线，线移动的轨迹又构成面。面分为平面和曲面，面是具有二维空间特质的形式展现。由线构成的面的形态又可以分为三角形、圆形、方形、多边形以及不规则图形等。

不同形态下摆放的面与面也可以构成不同组合，分割后的面与面可以重新进行编组结合，进行旋转或叠加会形成新的平面形式。

服装设计中的轮廓分割线以及装饰线，对不同形状的面会产生完全不同的影响，由于面与面之间会产生交叉、组合、重叠，又会衍生出不同形状的平面，因此面的形态是千奇百怪的。

面与面之间也讲究色相分析、图案肌理变化以及比例对比分析，配合点和线的表达形式，充分将风格运用于装饰手段，才能够创造出风格迥异的服装搭配。

1.3 服装设计的五大原则

在服装商品企划中，服装设计是品牌构造的基础，将服装设计与战略计划相结合，才能将构想转换为成品的结构付诸实施。

一套成品服装设计涉及企划设计、生产加工和流通销售等多个方面。良好的企划设计和营销方案对于服装品牌的创建有着至关重要的作用，服装设计是商品企划的核心关键，凭借着优越的设计创作，才能够保证生产，将商品企划内容快速准确地实施。

色彩是服装设计的核心元素之一，能够直观地塑造品牌形象。从商品企划的角度，设计可结合色彩的变化特性，吸引并满足消费者，制定出有利于商品、有利于消费者的规划。消费者的购买欲望来源于色彩所带来的视觉冲击以及产品设计，它们在商品企划中发挥着重要的作用。

◎1.3.1 统一原则

统一也有调和之意，意在体现服装造型设计的整齐划一，优秀的服装设计从细节到整体都追求材质面料、色彩搭配、线条轮廓的迎合统一。各个元素之间不会存在太大的差异，一般使用重复相同的色彩，进行线条和色块的交叉重叠，以保证整体的统一特色。

◎1.3.2 重点原则

重点原则，意在重点，或有重点特色的设计创作。整体服装设计并不追求完全的统一，整体设计趋于平淡，只有一小部分设计格外醒目，以达到强调性的趣味对比映衬。可以选用色彩、材质、剪裁、线条或饰物等多种表现手法，从而达到点题的作用。

◎1.3.3 平衡原则

在服装设计中使用平衡原则，可以使服装整体看起来具有稳定和谐的特性。平衡分为对称平衡和非对称平衡。对称平衡以人体为中心，此种服装给人以正式、严肃之感；非对称平衡给人以多变的印象，独特的线条设计虽然不对称，但是柔美、细滑的线条给人以别样的风格感受。强调的地方不能过多，否则会给人主次不分的感受。

◎1.3.4 比例原则

比例原则即服装材质面料分割的大小匹配，将合理的比例搭配应用于服装设计，可以起到扬长避短的作用。服装设计讲究黄金分割配比，可以应用在布料占用版面对比，或口袋与服装整体造型对比，再或者将饰物附件应用于服装上，比例搭配适宜恰当能给服装整体造型增色不少。

◎1.3.5　节奏原则

　　节奏原则指重复性强，具有规律的视觉感受，给人以过渡柔和的印象。颜色由浅到深，由小到大形成规律的渐变排序，产生规律性的重复渐变，以及质地轻薄的衣物带有的飘逸感，均为服装设计中具有节奏原则的常用手法。

　　服装的形式美是服装设计构成的重要元素。色彩的穿插交替使用也能够制造出丰富的层次质感，使用大小色块交替拼接能够突出小色块的重要性，相互呼应。

1.4 服装设计的基本流程

实现服装设计的基本流程大体分为几个步骤：收集资料定制设计需求、设定方案制作样品、结构设计后期调试、制定技术文件。

整套服装设计中，通常把设计构思环节分析归纳为关键环节。与服装相关的情景元素有很多，时间、场合、背景都会对其有所影响。在进行服装设计的同时，也需要查询当今的流行资讯以及寻找创新思路和发掘设计思维,市场调研是必不可少的一步，风向准确的市场信息是把握正确创作思维的重要一步。

灵感构思则是更为细化的思维设计，作品的好坏与服装的选色、造型、面料选择与加工制造工艺和成品穿着效果有着密不可分的联系。后期的服装制作与成品设计后期调整同样不可忽视，通过细密的裁剪手法和缝制工艺，还有配饰选择的层层筛选和质检后，才能够进行合理的对外销售。

◎1.4.1 收集资料定制设计需求

在进行服装设计之前，主要的工作就是查阅相关资料，进行市场调研，寻找新的创新突破点，根据当今的流行趋势发掘设计灵感。设计需求分析的考虑范围包括材质面料、季节穿着、价格预算、服装种类、工作范畴等。

构思的理念与设计成果的好坏，有着至关重要的联系，设计构思通常的表现形式是草图，经过严格的调整筛选，才能作为所需内容进入深层次设计。

设计图稿就是思维想法的具象化，将构思在脑海中的服装款式绘画出来，绘画效果可以是服装款式预览图，也可以是服装效果图。充分结合穿着者的人物情境，抓住人物特点、表现张力进行描绘。把握正确的潮流风向，并进行充分的市场调查与分析设计，为整体服装设计打下了良好的基础。

◎1.4.2　设定方案制作样品

在进行结构设计之前一定要制定好服装规格。所谓服装规格就是服装各个部位的尺寸。规格并不是一个确定的具象化的数据，而是参照设计师最终的服装效果与大部分穿着者的穿着感受来比照的。

制定确认的规格又分为量体和数据处理。量体是指选用软尺工具精细测量穿着者的各部位尺寸，优点在于量身定做，尺码合理。数据处理则是对大部分受众者做一个大数据的归纳化分析，根据版型设计拟定最终尺寸，服装尺码由小到大，选定与自身体形相近的尺码，就可以进行合理舒适的穿着体验。

服装款式是围绕二维图形特征而生成的设计图，具有清新的特点，且使人一目了然，可以概括面料材质和制作工艺等细节内容。通过服装设计方案而制成的样品，并不是最终成品。并且批量生产的成品衣物必须依国家法定标准，经许可才可以向外出售。

◎1.4.3 结构设计后期调试

结构设计又可称之为"打版"，根据服装设计造型与服装规格进行剪裁缝合，处于服装设计承上启下的环节，因此版型的成功与否与打版有着密不可分的关系。与此同时，设计师在进行构思设计时应该考虑到材质的厚度、轻重和强度，以达到形式美与本质美的高度统一。

不同打版师有着不同的审美观念和实践经验，所以就算采用同样的材质面料和服装配饰，也会产生不同的效果，打版的质量会直接关系成品服装的舒适与美观。

样品制作完成后，为确保成衣的质量与穿着感受，通常是先将结构设计完成的衣片进行假缝处理。假缝处理就是运用手工缝制的方法将衣物缝合成易于拆开的状态，这样可以发现设计中不合理或需要修改的地方，很好地解决了结构设计带来的缺陷，从而更加完善服装合理美观的细节内容。

◎1.4.4 制定技术文件

　　经过后期调试的服装，便可以将成衣批量生产发行出售。样衣的工艺水平一定是同类服装水平里最为精细的，批量生产的衣物会将样衣和技术文件作为参照标准，如果数据出现错误，在批量生产的过程中就会导致残次或不合身的结果，从而造成一定的财产损失。在样衣调整的过程中可以进行假缝和修正调整。

　　指定服装技术文件，包括扩号纸样、排料图、定额用料、操作规程等，应符合国家拟定的合法规范标准。上述流程一一通过之后，还需要对样衣进行质量检查和修整，然后装订上样衣的服装标签和整理制作技术文件。达到预期的效果后，服装设计的阶段才算大功告成，然后就可以交由销售和生产部门进行接下来的任务。

　　设计手稿是服装设计的二维形式展现，图中别出心裁的短款小西服设计，通过立体的剪裁设计凸显穿着者的腰身曲线，搭配军靴则显得整体造型设计英气挺拔。

1.5 服装设计术语与组成结构

随着社会的发展，人们对于艺术设计的手段精益求精，服装设计也逐渐演变成体系化、艺术化的设计学科。因此，服装设计术语与组成结构的掌握成为设计师们必备的基础条件。

在设计过程中，结合美学、心理学、生理学、文学和艺术等多方位的专业知识，可以创作出集时尚、美观与舒适为一身的服装设计作品。

◎1.5.1　部位术语

　　前衣身部分是遮盖身体前驱的重要组成部分。①领窝：领身与前后衣身缝合的部位。②里襟和门襟：里襟为钉扣里侧的服装面料，与门襟面料相对应；门襟是衣片相互重叠的衣片，通常在衣扣一侧。③门襟止口：位置处于门襟的边沿。门襟止口组成形式分为加挂面和连止口两种形式。加挂面的门襟止口较为坚韧。④叠门：叠门是里襟门襟需要重叠的服装部位。不同款式服装搭配不同的重叠方案，范围为 1.7 ~ 8cm。服装的材质面料越厚，所使用的纽扣配饰越大，叠门的尺寸也越大。

　　后衣身部位的缝合是为提供人体舒适的感受而在后衣连接的缝合。①总肩：从左肩端点到达右肩端点的距离，称作"横肩宽"。②前过肩：前衣部位的肩缝部位。③后过肩：后衣部位的肩缝部位。④上裆：腰带口至裤腿处的部分，优良的制作是舒适感和美观的重要组成部分。⑤横裆：横裆位于上裆部分的最宽位置，是关于整体造型设计重要的组成部分之一。⑥中裆：中裆位于脚踝至臀部的 1/2 左右，中裆的设计关系到腿部造型的美感。⑦下裆：位于横裆到脚踝的部分。

◎1.5.2　组成结构

衣领位于人体颈部，可以起到保护和装饰的作用。领子位于领窝上，可分为 7 个部分。①翻领：领子从翻折线向领口外弯曲的部分。②领座：领子从翻折线向下的部分。③领上口：从领子向外翻的翻折线。④领下口：领子与领窝的缝合处。⑤领外口：位于领子的外圈周沿部位。⑥领串口：在领面与衣体表面的缝合线部位。⑦领豁口：位于领口和领尖部位的距离。

衣袖通常指覆盖于人体手臂的服装部分，指袖子，也指与衣身相连的袖子部件。衣袖概括分为5个部分。①袖山：衣袖顶部与衣物缝合的凸状部位。②袖缝：通常指衣袖与衣物的缝合部位，按位置可分前袖缝、中袖缝、后袖缝等。③大袖：大面积使用材质面料的袖子。④小袖：小面积使用材质面料的袖子。⑤袖门：袖子沿下开口的部位。

口袋是指便于插手或盛放物品的部位，同时也可以起到装饰作用。

腰头通常指与裤或裙身缝合的部位，具有美观和护腰的作用。

第2章 服装设计的基础知识

　　服装款式设计与服装色彩设计具有相互依存的关系，服装色彩设计又是整体服装造型的重要组成部分。服装色彩设计可以改变服装整体风格和不同面料的多种质感，充分掌握色彩明暗对比并进行合理调和，可使服装色彩与服装整体造型设计和谐、统一。

　　◆　服装色彩搭配秉承和谐与对比的差异原则。太过一致的色彩搭配会显得单调乏味；而色彩过于缤纷又会给人以杂乱无章的感觉。

　　◆　在服装色彩明暗对比之间，色彩差异大的搭配由于对比强烈，冲击感较强，会使服装较为抢眼；色彩差异小的搭配就会比较和谐，能够给人以循序渐进的过渡感。

　　◆　高低色彩饱和度穿插搭配，会产生意想不到的巧妙效果，能够为服装整体造型增添丰富的层次感。

　　◆　服装色彩也与材质面料和版式设计有着密不可分的关系，需要根据不同受众人群的职业特点以及性格特征，以及不同季节的变换，设计出适宜的服装搭配方案。

2.1 服装设计中的色彩

在服装设计中，人们对于色彩的反应是最为强烈的，把握好服装整体的色彩倾向，再针对色彩进行调和，才能够使整体效果和谐统一。

光是色彩的主要来源。也就是说，没有光就没有色彩，而太阳被分解为红、橙、黄、绿、青、蓝、紫等色彩，各种色光的波长又是各不相同的。

红——750 ~ 620nm
橙——620 ~ 590nm
黄——590 ~ 570nm
绿——570 ~ 495nm
青——495 ~ 476nm
蓝——475 ~ 450nm
紫——450 ~ 380nm

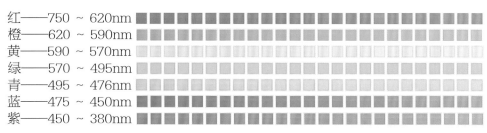

颜色	频率	波长
紫色	668~789 THz	380~450 nm
蓝色	631~668 THz	450~475 nm
青色	606~630 THz	476~495 nm
绿色	526~606 THz	495~570 nm
黄色	508~526 THz	570~590 nm
橙色	484~508 THz	590~620 nm
红色	400~484 THz	620~750 nm

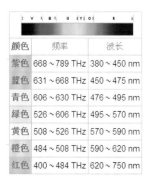
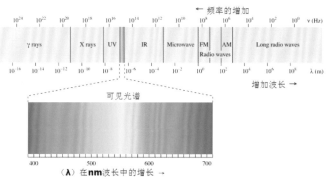

◎2.1.1 色相、明度、纯度

色彩有着先声夺人的力量。色相、明度和纯度被称为色彩的三要素。

色相是色彩的首要特性，是区别各种色彩的最精确的准则。色相又由原色、间色、复色组成。而色相的区别就是由不同的波长来决定的，即使是同一种颜色也可分为不同的色相，如红色可以分为鲜红、大红、橘红等，蓝色可分为湖蓝、蔚蓝、钴蓝等，灰色又可分红灰、蓝灰、紫灰等。人眼可分辨出大约100多种不同的颜色。

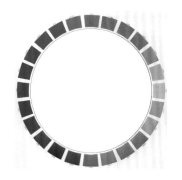

明度是指色彩的明暗程度，明度不仅表现于物体照明程度，还表现在反射程度的系数上。明度又分为9个级别，最暗为1，最亮为9，并划分出3种基调。

（1）1～3级为低明度的暗色调，给人沉着、厚重、忠实的感觉。

（2）4～6级为中明度色调，给人安逸、柔和、高雅的感觉。

（3）7～9级为高明度的亮色调，给人清新、明快、华美的感觉。

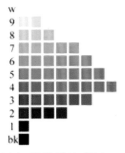
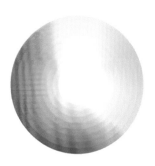

纯度是色彩的饱和程度，也是色彩的纯净程度。纯度在色彩搭配上具有强调主题的作用，能带来意想不到的视觉效果。纯度较高的颜色则会给人造成强烈的刺激感，能够使人留下深刻的印象，但也容易造成疲倦感，若与一些低明度的颜色相配合则会显得细腻舒适。纯度也可分为3个阶段。

（1）高纯度：8～10级为高纯度，产生强烈、鲜明、生动的感觉。

（2）中纯度：4～7级为中纯度，产生舒适、温和的平静感觉。

（3）低纯度：1～3级为低纯度，产生一种细腻、雅致、朦胧的感觉。

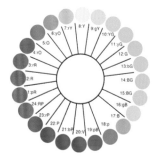

◎2.1.2　主色、辅助色、点缀色

服装色彩搭配要注重色彩的全局性，不要使色彩偏于一个方向，否则会使服装搭配过于单调乏味。而服装设计色彩的色调又可分为主色、辅助色和点缀色。

1.　主色

主色是服装色彩中的主体基调，是整体的色彩倾向，起着主导作用，能够让整体服装搭配看起来更为和谐，在整体造型设计中有着不可忽视的地位。

2.　辅助色

辅助色是补充或辅助服装色彩的陪衬色彩，应用于服装搭配时最好运用亮丽的颜色，以加强整体的美观性。

3.　点缀色

点缀色在服装搭配中占有极小的面积，通常情况下色彩鲜艳饱和，具有画龙点睛的作用，同时也能够烘托服装整体风格、彰显魅力。

◎2.1.3 邻近色、对比色

1. 邻近色

邻近色从美术的角度来说，就是在相邻的各个颜色中能够看出彼此的存在，你中有我，我中有你；在色环上看就是两者之间相距90度，色彩冷暖性质相同，可以传递出相似的色彩情感。

2. 对比色

对比色可以理解为两种色彩的明显区分，是在24色环上相距120度到180度之间的两种颜色。对比色包括冷暖对比、色相对比、明度对比、饱和度对比等。对比色拥有强烈的分歧性，适当地运用对比色能够加强空间感的对比，并且能够表现出特殊的视觉效果。

◎2.1.4 色彩与面积

面积是色彩不可缺少的一个特性。在服装设计中，色彩的面积是服装整体效果的决定元素之一，因此面积具有一定的主导作用。

◎2.1.5 色彩混合

色彩的混合有加色混合、减色混合和中性混合三种形式。

1. 加色混合

在对已知光源色的研究过程中，发现色光的三原色与颜料色的三原色有所不同，色光的三原色为红（略带橙）、绿、蓝（略带紫）。而色光三原色混合后的间色（红紫、黄、绿青）相当于颜料色的三原色，色光混合后会使色光明度增加，使色彩明度增加的混合方法就称为加法混合，也叫色光混合。例如：

红光＋绿光＝黄光；

红光＋蓝光＝品红光；

蓝光＋绿光＝青光；

红光＋绿光＋蓝光＝白光。

2. 减色混合

当色料混合在一起时，呈现另一种颜色效果，就是减色混合法。色料的三原色分别是品红、青和黄色，因为一般色料的三原色本身就不够纯正，所以混合以后的色彩也不是标准的红色、绿色和蓝色。三原色色料的混合有着以下规律：

青色＋品红色＝蓝色；

青色＋黄色＝绿色；

品红色＋黄色＝红色；

品红色＋黄色＋青色＝黑色。

3. 中性混合

中性混合是指混面色彩既没有提高，也没有降低的色彩混合。中性混合主要有色盘旋转混合与空间视觉混合。把红、橙、黄、绿、蓝、紫等色料等量地涂在圆盘上，旋转之后即呈浅灰色。把品红、黄、青色料涂上，或者把品红与绿、黄与蓝紫、橙与青等色料互补上色，只要比例适当，也能呈浅灰色。

（1）旋转混合。在圆形转盘上贴上两种或多种色纸，并使此圆盘快速旋转，即可产生色彩混合的现象，我们称之为旋转混合。

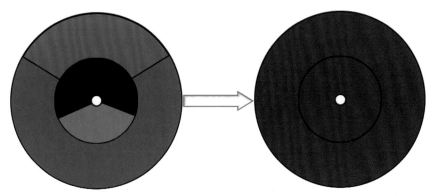

（2）空间混合。空间混合是指分别将两种以上颜色和不同的色相并置在一起，按不同的色相明度与色彩组合成相应的色点面，通过一定的空间距离，在人的视觉内产生的色彩空间幻觉所达成的混合。

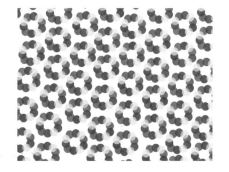

2.2 服装色彩与体形

服装色彩是服装整体设计的重要组成部分。合理妥善的服装色彩搭配，既能根据穿着者的不同身形起到很好的调整作用，又能根据不同颜色的搭配展现出穿着者不同的性格特征。善于发掘体形的优缺点，根据色彩的特异性扬长避短，就能塑造出理想的身体曲线。

特点：

◆ 服装整体搭配中若上身选用深色衣物单品，下身选用浅色单品，鞋子的选色在其中就能够起到很好的调整作用，应选用深色与上装呼应，搭配效果明显较好。

◆ 相近色服装搭配会体现穿着者的温文儒雅，对比色搭配会给人以惊艳的感觉。应遵循合理的配色规律法则，并结合自己的身体特征、肤色、气质以及出行场合，挑选最适合自己的色彩搭配。

◆ 身材较为丰腴的穿着者不适宜色彩饱和度较低的纯色单品，或花纹色彩过于繁乱的衣物。身材较矮的穿着者可以尝试低饱和度色彩服装，同时搭配高亮度的帽饰。无论选用何种色彩搭配方案进行组合都应呈现出服装整体造型的和谐、统一。

2.3 服装色彩与肤色

　　肤色是服装色彩设计的基调，对服装搭配起着决定性作用，应根据不同肤色，调和与之相搭配的服装配色。合理的服装配色方案，能够充分结合穿着者的肤色气质，使服装整体造型更加熠熠生辉。

　　特点：

　　◆ "一白遮百丑"已经不再是评判一个人的外貌及穿衣品位的唯一宗旨，独特的服装款式设计与合理巧妙的色彩搭配，能更为灵动地展现出不同风格的多面美。

　　◆ 较为白皙的肤色，适宜搭配的服装颜色种类繁多。暖色系衣物显得温婉柔美，冷色系服装则显得高贵典雅。

　　◆ 黄色皮肤是东方女性的代表色，服装配色选择应尽量避免灰色系，色调清亮的着装配饰，会更加提升整体的精神面貌。

　　◆ 棕色皮肤常给人阳光、活跃的感受，适宜搭配白色或亮灰色服装配饰，高明度与饱和度的颜色差异对比，会凸显出穿着者更为健康、有活力的一面。

2.4 服装色彩搭配的忌讳

在一套成功的服装造型搭配中，色彩占据着主导地位。遵循服装配色法则，结合穿着者的性格特征、体形气质进行合理搭配，就算是衣橱里只有为数不多的服装可以搭配，也能够彰显你与众不同的穿搭品位。

特点：

◆ 服装色彩搭配忌讳两种亮色面料的拼接和结合，太过叠加重复的元素融合在一起，在视觉感受上会让人产生一定的厌烦感。合理的明暗色彩对比会为服装增添阶梯质感。

◆ 杂色与杂色的搭配也是色彩搭配中所要避惮的搭配。过多的元素信息，会使服装主题不明，无法突出重点，给人俗不可耐的视觉印象。

◆ 色彩搭配同样忌讳暗色与暗色的搭配方法，暗色虽然能够起到一定收缩的视觉效果，但服装色彩搭配全部选用暗色的色彩调配，就会给人过于深沉压抑的感觉。

2.5 服装色彩印象

　　服装色彩赋予服装整体设计最为直观的视觉印象。结合穿着者的性格体征及出行场合，巧妙运用合理的色彩搭配，就能够赋予不同款式的衣物以新的生命。"缤纷多彩"似乎并不能与日常服装搭配挂钩，挑选适合自己的服装配色，才能够充分展现出自己的穿衣风格和品位。

　　特点：

◆　黑色与红色搭配，是经典优雅的服装配色，看似隆重，却又不失独特的风格韵味。

◆　将相近色应用于服装搭配，会不经意地流露出恬静典雅的气息，带给人和谐舒适的视觉感受。

◆　白色是万能色，能够跟任意一种颜色进行搭配。与淡色搭配会显得轻盈飘逸；与深色搭配则会显得成熟干练。

◆　低纯度颜色的服装色彩搭配，有着低调亲切的特性。低纯度色彩服装配饰，常常会带给人温婉、谦逊、善良、宽容的视觉印象。

第3章 服装设计的基础色

　　服装原本只是用来起到遮挡和保暖作用的生活必需品，但经过漫长的发展繁衍，服装早已成为个人品位、性格特征、社会地位的象征，有着不可撼动的地位。只有了解人体静动态结构以及配色基础知识，同时结合不同人的年龄、性别、区域文化做出不同的配色搭配方案，才能将各种各样或简约或烦琐的元素融于一体，对潮流时尚做出判断。

◆　良好的配色品位对于服装设计是否成功起着至关重要的作用，成功的服饰设计风格不仅可以吸引广大受众的注意力，激发其进行购买的欲望，而且对于制造工艺以及生产水平的提高，具有积极的推动作用。

◆　色彩有多种表达方式，或含蓄保守，或热情奔放。设计者能够根据不同颜色表达的含义融入不同风格元素的服装，开辟一条色彩引导服装搭配的中西方文化交融通道。

3.1 红

◎3.1.1 认识红色

红色：红色是通过能量触发观察者强烈感官的颜色。当色彩饱和度较高时，表现的情绪为激昂热烈；当色彩饱和度较低时，表现的情绪为深沉暗淡。

色彩情感：喜庆、吉祥、激情、斗志、血腥、危险、恐怖、停止。

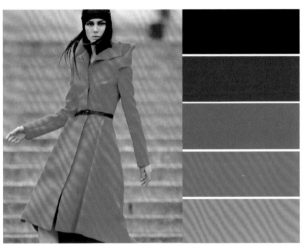

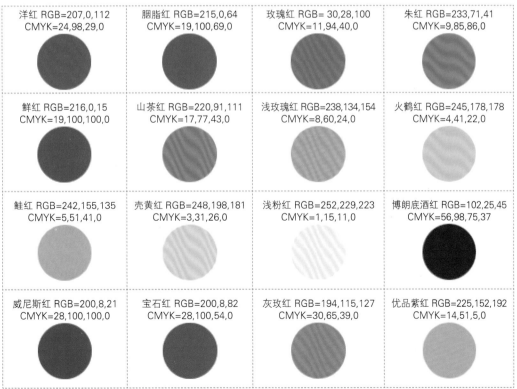

洋红 RGB=207,0,112 CMYK=24,98,29,0	胭脂红 RGB=215,0,64 CMYK=19,100,69,0	玫瑰红 RGB=30,28,100 CMYK=11,94,40,0	朱红 RGB=233,71,41 CMYK=9,85,86,0
鲜红 RGB=216,0,15 CMYK=19,100,100,0	山茶红 RGB=220,91,111 CMYK=17,77,43,0	浅玫瑰红 RGB=238,134,154 CMYK=8,60,24,0	火鹤红 RGB=245,178,178 CMYK=4,41,22,0
鲑红 RGB=242,155,135 CMYK=5,51,41,0	壳黄红 RGB=248,198,181 CMYK=3,31,26,0	浅粉红 RGB=252,229,223 CMYK=1,15,11,0	博朗底酒红 RGB=102,25,45 CMYK=56,98,75,37
威尼斯红 RGB=200,8,21 CMYK=28,100,100,0	宝石红 RGB=200,8,82 CMYK=28,100,54,0	灰玫红 RGB=194,115,127 CMYK=30,65,39,0	优品紫红 RGB=225,152,192 CMYK=14,51,5,0

◎3.1.2　洋红 & 胭脂红

1 洋红色是非常女性化的颜色，象征着妖娆、柔美的女性形象。

2 服装采用毛呢的材质，加上贴身西服的利落剪裁，将女性的曲线美体现出来的同时也不乏率性。

3 西服本身是商务、专业的象征，而洋红色则给西服增添一份柔美。

1 胭脂红也是女性的代表色之一，胭脂红更是优美与典雅的代名词。

2 服装属于厚风衣款式，加上下身不规则半裙与高跟鞋的搭配，尽显女王风范。

3 红黑的色彩搭配是各大品牌较为推广的时尚配色方案，是彰显品位的优质选择。

◎3.1.3　玫瑰红 & 朱红

1 玫瑰红较洋红色饱和度更高，在柔美的基础上增添活力。

2 服装采用欧根纱材质使版式更加立体可爱，从上至下的颜色拼接给人以渐变感。

3 玫瑰红给人感觉更加时尚前卫，具有青春的活力。

1 朱红色既没有红色那样浓烈，又没有橘色那样耀眼，是一种知性内敛的颜色。

2 服装采用粗针织法以及开衫的设计，给人一种慵懒亲近的感觉，同时透露着一分知性气息。

3 朱红色的服装搭配跨越年龄域广泛，适合大多数人穿着。

◎3.1.4 鲜红 & 山茶红

① 鲜红色是颜色饱和度最高的颜色，给人以激情、亢奋的感觉。

② 服装采用皮革面料，整体版型修身简约却又不失大气，热情与高冷并存。

③ 鲜红色更适合于青中年女性，给人干练、朝气蓬勃的印象。

① 山茶红是体现婉约轻熟的颜色，既不像粉红那样稚嫩，也不像鲜红那样浓烈。

② 服装采用碎花图案以及高腰的设计，使整体看起来很跳跃俏皮，同时给人以和善亲近的效果。

③ 山茶红适合性格婉约柔美的女性，不适用于热闹张扬的场合。

◎3.1.5 浅玫瑰红 & 火鹤红

① 浅玫瑰红颜色饱和度较低，给人以清纯、浪漫的感觉。

② 服装利用浅粉色小外套和浅玫瑰红色内搭连衣裙撞色的搭配，使服装整体格调错落有致，整体形象甜美可人。

③ 浅玫瑰红色就像清晨含苞待放的花蕾，适合少女搭配。

① 火鹤红饱和度偏低，给人一种柔和、甜美的感觉。

② 服装用缀满山茶花的短上衣作为主调，加上火鹤色的阔腿短裤作为修饰，显得人物四肢修长，柔情似水。

③ 火鹤红整体色彩在花朵的映衬下更显娇柔妩媚。

◎3.1.6 鲑红 & 壳黄红

❶ 鲑红色没有粉红色跳跃活泼，也没有棕色的深沉厚重，是非常具有现代风格的颜色。

❷ 鲑红色哈伦裤的裤脚有灰色花纹修饰，靛蓝色的内搭、皮夹克搭配得恰到好处，时尚又不乏新意。

❸ 鲑红色看起来干净清新，适合夏季穿着。

❶ 壳黄红色与鲑红色相近，明度却比鲑红色更高，给人华丽、典雅的感觉。

❷ 服装为一条长及地面的壳黄红色绸缎长裙，外包裹着一层精美绝伦的手工蕾丝，整体感觉低调奢华。

❸ 金黄的披肩长发与优美典雅的壳黄红色礼服长裙交相辉映、美不胜收。

◎3.1.7 浅粉红 & 博朗底酒红

❶ 浅粉红给人感觉清雅甜美，也象征着浪漫甜蜜。

❷ 上衣为深V的火鹤红雪纺内搭，搭配白色的阔腿雪纺裤和拖地的雪纺披风，打造仙气十足、富有少女气息的造型效果。

❸ 浅粉红给人感觉清凉舒爽，适合夏季穿着。

❶ 博朗底酒红色彩浓郁，具有较强的视觉感染力。

❷ 服装整体设计采用紧身收腰款式，裙上的鳞片波光粼粼、熠熠生辉，而裙摆采用的则是烫绒材质，使得整体华丽并富有质感。

❸ 博朗底酒红更适合中年女性,凸显女性韵味。

◎3.1.8　威尼斯红 & 宝石红

❶ 威尼斯红在沉稳中又洋溢着热情、奔放的气息。

❷ 在服装设计中，将材质大胆地设置为薄纱，袖口处灯笼袖的设计又凸显可爱，整体设计灵动又大胆。

❸ 威尼斯红更适合事业中的大女人，生活中的小女人。

❶ 宝石红与洋红和玫瑰红相近，但却更加绚丽，光彩夺目。

❷ 服装整体配色大胆新颖，宝石红色紧身喇叭裤小腿处配合撞色设计抢眼时尚，深紫色外套也更显肤白，整体设计显得四肢修长皮肤白皙。

❸ 服装整体巧用心机采用撞色搭配,抢眼夺目。

◎3.1.9　灰玫红 & 优品紫红

❶ 灰玫红没有粉红的娇嗔也没有正红的强势，是一种具有坚韧性格的颜色。

❷ 服装只是采用了简单的胸前交叉包臀裙的款式，却表现出了女性的多样性，性感、自立、坚强。

❸ 灰玫红色包臀裙与披肩卷发搭配和谐，更加增添了柔美气息。

❶ 优品紫红介于红色和紫色之间，既有红色的优雅，又有粉色的神秘。

❷ 服装款式定义为都市女性，而优品紫红凸显干练的同时，更是透露出一丝神秘和典雅。

❸ 优品紫红色适合大部分人群，凸显自信优雅、甜美可人。

3.2 橙

◎3.2.1 认识橙色

橙色：橙色容易使人联想到秋天，丰硕的果实，是一种富足而快乐的颜色。橙色的色彩明艳度仅次于红色，不过也是容易造成视觉疲劳的颜色。橙色和淡黄色搭配会给人一种非常舒服的过渡感。橙色一般不能和紫色或深蓝色搭配，容易给人阴暗、晦涩的感觉。所以应用橙色时要使用正确的搭配色彩和表达方式。

色彩情感：热情、活跃、秋天、水果、温暖、欢乐、华丽、陈旧、隐晦、战争、偏激、抗议、刺激、骄傲。

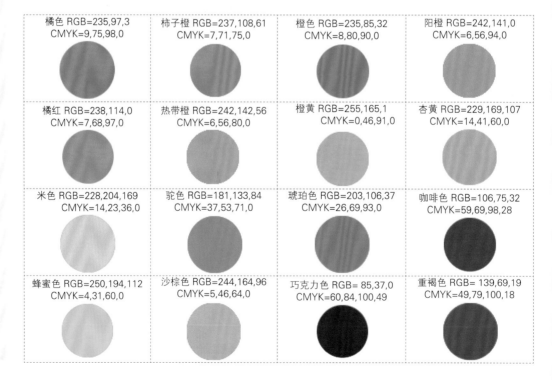

橘色 RGB=235,97,3 CMYK=9,75,98,0	柿子橙 RGB=237,108,61 CMYK=7,71,75,0	橙色 RGB=235,85,32 CMYK=8,80,90,0	阳橙 RGB=242,141,0 CMYK=6,56,94,0
橘红 RGB=238,114,0 CMYK=7,68,97,0	热带橙 RGB=242,142,56 CMYK=6,56,80,0	橙黄 RGB=255,165,1 CMYK=0,46,91,0	杏黄 RGB=229,169,107 CMYK=14,41,60,0
米色 RGB=228,204,169 CMYK=14,23,36,0	驼色 RGB=181,133,84 CMYK=37,53,71,0	琥珀色 RGB=203,106,37 CMYK=26,69,93,0	咖啡色 RGB=106,75,32 CMYK=59,69,98,28
蜂蜜色 RGB=250,194,112 CMYK=4,31,60,0	沙棕色 RGB=244,164,96 CMYK=5,46,64,0	巧克力色 RGB= 85,37,0 CMYK=60,84,100,49	重褐色 RGB= 139,69,19 CMYK=49,79,100,18

◎3.2.2 橘红 & 橘色

① 橘红色更加偏于红色，所以给人以直观的视觉冲击力。

② 服装整体采用毛呢面料，胸前的不规则裁剪和下摆廓形版式形成了完好的融合。

③ 橘红色内搭深灰色或黑色衣物，凸显稳重的同时更显气色较好。

① 橘色没有橘红色色彩饱和度高，给人以干净、开朗的印象。

② 橘色的连帽外套是整体造型的点睛之笔，使整套服装看起来不会那么商务、沉闷。

③ 衬衫、裤子、鞋子采用了由浅至深的搭配，使整体看起来别具一格，富有层次感。

◎3.2.3 橙色 & 阳橙

① 橘色象征着青春、活力、时尚、健康。

② 服装整体设计为包臀裙款式，低胸和高开衩别具心机，充分展现出女性的曲线美。

③ 橘色裙装和橘红色高跟鞋搭配，会使人产生非常舒适的过渡感。

① 阳橙色色彩饱和度较低，给人以柔和、温暖的感觉。

② 服装采用了具有镭射效果的内搭，使整体颜色丰富，更加夺人眼球。

③ 阳橙色西装风格服饰与裸色高跟鞋搭配，打造柔中带刚的整体效果。

◎3.2.4 蜜橙 & 杏黄

① 蜜橙色颜色饱和度较低，给人以柔和缓慢的视觉效果。

② 蜜橙色与深色衣物搭配实则略显沉稳，但橘色丝纹的淡蓝色纱巾增添了一丝活力，略有嬉皮士之感。

③ 如果不想着装太过正式，可佩戴一条色彩和谐的丝巾装饰。

① 杏黄色比蜜橙色的饱和度要低，给人以知性、优雅的感觉。

② 服装整体采用机械百合褶的棉麻面料，抹胸款式更凸显性感，腰间系带展现完美曲线。

③ 酒红色高跟鞋的点缀体现知性的同时，更展现出女性的成熟美。

◎3.2.5 沙棕 & 米色

① 沙棕是很日系、田园风的颜色，给人以淡雅、甜美的感觉。

② 沙棕色的休闲西装外套搭配浅粉色的甜美风内搭裙，少女气息十足。

③ 颈间朋克风的项圈，在映衬出甜美气质的同时又体现出少女的叛逆。

① 米色色彩明亮，给人轻快、优雅的感觉。

② 服装整体采用了富有光泽性的丝绸面料，行动起来波光粼粼，低调奢华。

③ 深棕色的高跟鞋和米色晚礼裙交相辉映，举手投足间尽显优雅。

◎3.2.6 灰土 & 驼色

❶ 灰土色的色彩饱和度较低，给人一种低调、沉稳的感觉。

❷ 服装以灰土色连帽衣裤作为主调，黑色网状罩衫作为辅助，在沉稳的男性气质外还体现出时尚摩登的元素。

❸ 裤脚处的条纹设计使整体更加有律动感。

❶ 驼色是一种来源于自然却具有都市化味道的颜色，淡而有味。

❷ 服装上半身采用灰色网纱上衣外套蕾丝马甲的展现形式，下身则为驼色丝绸长裙，整体搭配复古典雅。

❸ 驼色渐渐成为成熟女性必不可少的标志。

◎3.2.7 椰褐 & 褐色

❶ 椰褐色明度较低，给人以成熟稳重的感觉。

❷ 服装整体采用貂绒材质，椰褐色更是将整体衬托得雍容华贵。

❸ 椰褐色适合于色彩相近且明度较高颜色的衣物搭配，更凸显不凡品味。

❶ 褐色是一种很简单纯朴、接近大自然的颜色。

❷ 服装整体版式设计是样式简洁的烫绒长西服，与灰色英伦皮鞋和靛蓝色手包交相辉映，时尚气息十足。

❸ 褐色衣物与灰色鞋子搭配显得更加灵动。

◎3.2.8 柿子橙＆酱橙色

❶柿子橙给人一种清新自然、甜美可人的感觉。

❷服装款式采用低胸收腰，起到了很好的修身塑形作用。

❸裙子表面亮晶晶的花纹仿佛开在裙子上的花朵。

❶酱橙色相比橙色要暗，比棕色要亮，所以在体现活泼的同时又不乏稳重。

❷上衣为布洛克针织挑花开衫毛衣，搭配酱橙色的裤子充满了异域风情。

❸墨绿色的手套也起到了点缀的作用，把整套服装的含义诠释得更加完善。

◎3.2.9 赭石＆肤色

❶赭石色是十分自信成熟的颜色，同时也代表着健康、活力。

❷服装整体款式简洁，为赭石色黑色丝纹包臀裙，模特双手举托蟒蛇，尽显狂野性感。

❸赭石色包臀裙与棕色高跟鞋相得益彰，搭配和谐。

❶肤色是很柔和、温暖的颜色，给人以亲近舒适的感受。

❷服装整体搭配正是时下流行的混搭风格，浅军绿针织衫、肤色毛呢裙，与裸靴搭配和谐。

❸搭配黑色绣花外套凸显强势，不搭配更显居家。

3.3 黄

◎3.3.1 认识黄色

　　黄色：黄色是三原色之一，属高明度色。黄色，富有暗示性。它的主要特征是明亮，具有反射性，产生着耀眼的光辉及表现出非它本质的快活、明朗。黄色给人的感觉舒服、柔和、适中，感情上充满着喜悦和希望。

　　色彩情感：辉煌、权力、开朗、热闹、阳光、轻薄、软弱、庸俗、廉价、吵闹。

黄 RGB=255,255,0 CMYK=10,0,83,0	铬黄 RGB=253,208,0 CMYK=6,23,89,0	金 RGB=255,215,0 CMYK=5,19,88,0	香蕉黄 RGB=255,235,85 CMYK=6,8,72,0
鲜黄 RGB=255,234,0 CMYK=7,7,87,0	月光黄 RGB=155,244,99 CMYK=7,2,68,0	柠檬黄 RGB=240,255,0 CMYK=17,0,84,0	万寿菊黄 RGB=247,171,0 CMYK=5,42,92,0
香槟黄 RGB=255,248,177 CMYK=4,3,40,0	奶黄 RGB=255,234,180 CMYK=2,11,35,0	土著黄 RGB=186,168,52 CMYK=36,33,89,0	黄褐 RGB=196,143,0 CMYK=31,48,100,0
卡其黄 RGB=176,136,39 CMYK=40,50,96,0	含羞草黄 RGB=237,212,67 CMYK=14,18,79,0	芥末黄 RGB=214,197,96 CMYK=23,22,70,0	灰菊色 RGB=227,220,161 CMYK=16,12,44,0

◎3.3.2 黄 & 铬黄

① 黄色是充满活力和希望的颜色。

② 上衣搭配休闲的浅灰色 T 恤，凸显出短裤的色调，使服装整体造型具有律动跳跃之感。

③ 黄色是明度较高的颜色，通常用于户外着装，亮眼出挑。

① 铬黄色没有黄色的饱和度高，所以给人的感觉清丽知性。

② 服装整体版式为简洁明了的铬黄色雪纺连衣裙，搭配黑色细皮带和金色光泽感高跟鞋，整体造型简约知性。

③ 透明手包的搭配丰富细节，点缀亮眼。

◎3.3.3 金 & 香蕉黄

① 金色容易让人联想到收获、财富，所以金色给人以健康活力的感觉。

② 上衣外套为金色皮质夹克，下身为格子样式棉麻哈伦裤，整体造型轻快活跃。

③ 米色棉麻质地背包与整体搭配和谐，更加凸显活力。

① 香蕉黄偏白，给人的感觉更柔和一些。

② 服装以香蕉黄色莫代尔材质连衣裙为主体，腰间的蓝色外套和连衣裙形成了鲜明的对比。

③ 深蓝色棒球帽与桃粉色耳机和皮包的点缀为整体效果增添动感。

◉3.3.4　鲜黄 & 月光黄

① 鲜黄色颜色饱和度较高，是十分鲜活亮眼的颜色。

② 淡黄色裸色交叉粗条纹上衣，下身为鲜黄色绒布金色丝缎拼接。整体版型端庄活跃。

③ 将鲜黄色用于正式场合或日常服饰都是不错的选择。

① 月光黄明度高饱和度低，是一种淡雅、温柔的颜色。

② 服装整体为月光黄色长裙后缀蝴蝶结尾翼，如同周身环绕轻柔的月光一般，端庄、典雅。

③ 月光色长礼服裙配上高挽的发髻，整体造型高雅、秀丽。

◉3.3.5　柠檬黄 & 万寿菊黄

① 柠檬黄偏绿，所以给人一种鲜活、健康的感觉。

② 服装上身为柠檬黄色缀白色毛球针织毛衣，下身则为绘满新鲜柠檬的过膝半裙。

③ 腰间和手腕的绿色更是锦上添花，整体营造出活跃鲜甜的气氛。

① 万寿菊黄是来自大自然的颜色，让人自然而然联想到鲜花、蔬果。

② 服装上身为浅蓝色、白色、黑色三色拼接雪纺 V 领上衣，下身为亮眼万寿菊黄色哈伦雪纺裤。

③ 万寿菊黄为高饱和度颜色，和浅色衣物搭配尤为亮眼。

◎3.3.6 香槟黄 & 奶黄

① 香槟黄色泽轻柔，如同质地轻盈的泡沫。

② 上衣为白色衬衣搭配香槟黄色罩衫，下身搭配亮紫色喇叭裤，整体造型轻快休闲，又颇为优雅。

③ 酒红色的包使上下着装形成鲜明对比，更显特立独行。

① 奶黄色是很清甜优雅的颜色，不禁让人想起棉花糖。

② 服装以奶黄色纱质连衣裙作为主体，另加双层珍珠项链的点缀和荧光黄色书包、迷彩样式球鞋，形成强烈的视觉冲击。

③ 头部的黑色翅膀更是凸显出少女矛盾体的一面，别具一格。

◎3.3.7 土著黄 & 黄褐

① 土著黄是有着浓重的"古罗马式"异域气息的颜色，高贵、典雅、富有历史感。

② 服装材质为土著色丝缎面料，胸前扭曲的褶皱和下摆蓬起的裙身交相辉映，仿佛奏响了一首交响曲。

③ 服装颈间手工镶嵌的珠子更显脖颈修长、低调华丽。

① 黄褐色明度适中，纯度较低，给人以成熟、稳重的感觉。

② 服装整体为皮革材质，上身采用黄褐色工字背心款式、蓝色撞色钩边，下身为前白后黑，搭配镂空凉靴，整体造型摩登感十足。

③ 小臂的绑带使整体商务性感的装扮更多添了一分干练。

◎ 3.3.8 卡其黄 & 含羞草黄

① 卡其黄名字来自波斯，意思是地球色或尘土被上色。

② 服装内搭上身为红黑条纹针织衫，下身为高腰皮裙，外套为卡其色皮革绒布拼接风衣，整体设计俏皮可爱。

③ 鲜明的红、橙、黄、绿，统统能与卡其互相辉映。

① 含羞草黄是一种欢快明亮、极具大自然气息的颜色。

② 服装主题为含羞草黄色纱质长裙，上面镶嵌蔷薇花卷，版型为高腰蓬裙，整体造型少女气息浓郁。

③ 淡黄色、白色高跟鞋都是搭配含羞草黄裙装的不错选择。

◎ 3.3.9 芥末黄 & 灰菊色

① 芥末黄为偏绿色的黄，与芥末酱颜色相似，属于暖色系。

② 内搭为深蓝色碎花连衣裙，外搭芥末黄色毛呢外套，休闲与田园风格齐备。

③ 芥末黄是一种柔和不失活跃的色彩，在服装搭配中更能凸显出人物清新、自然的服饰风格。

① 秋菊色所表现出来的视觉效果是简洁、素雅、柔和的。

② 内搭为浅灰色连衣裙，外套为秋菊色风衣，整体搭配简洁大气。

③ 棕色的堆堆袜和西瓜粉的皮包也为整套造型增添了活力。

3.4 绿

绿色：绿色和大自然有着密切的联系，绿色是由蓝色＋黄色得到的颜色，然后又根据黄色和蓝色所占比例的不同，以及加入不同程度的黑、灰、白色而呈现出不同的颜色表现。绿色可以融合多种色调，形成鲜活富有生机的颜色。绿色给人以新鲜健康的感觉，也可以联想到春意盎然的景象和新鲜无公害的蔬菜。

色彩情感：春天、生机、清新、希望、安全、下跌、庸俗、愚钝、沉闷、陈旧。

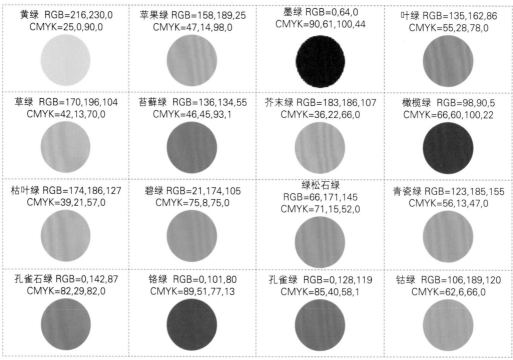

黄绿 RGB=216,230,0
CMYK=25,0,90,0

苹果绿 RGB=158,189,25
CMYK=47,14,98,0

墨绿 RGB=0,64,0
CMYK=90,61,100,44

叶绿 RGB=135,162,86
CMYK=55,28,78,0

草绿 RGB=170,196,104
CMYK=42,13,70,0

苔藓绿 RGB=136,134,55
CMYK=46,45,93,1

芥末绿 RGB=183,186,107
CMYK=36,22,66,0

橄榄绿 RGB=98,90,5
CMYK=66,60,100,22

枯叶绿 RGB=174,186,127
CMYK=39,21,57,0

碧绿 RGB=21,174,105
CMYK=75,8,75,0

绿松石绿
RGB=66,171,145
CMYK=71,15,52,0

青瓷绿 RGB=123,185,155
CMYK=56,13,47,0

孔雀石绿 RGB=0,142,87
CMYK=82,29,82,0

铬绿 RGB=0,101,80
CMYK=89,51,77,13

孔雀绿 RGB=0,128,119
CMYK=85,40,58,1

钴绿 RGB=106,189,120
CMYK=62,6,66,0

◎3.4.2 黄绿 & 苹果绿

① 黄绿色寓意着春天,是生机和朝气的象征。

② 内搭为浅米色连衣裙,外搭为黄绿色不规则马甲,腰间系一条卡其色腰带,整体造型配色显得朝气稚嫩。

③ 镶嵌铆钉的棕色包和马丁靴更是减龄利器。

① 苹果绿是很清脆鲜甜的颜色,容易让人联想到蔬菜瓜果。

② 上身为蓝白格棉质半袖衬衫,下身为苹果绿色皮质短裙,整体造型清新甜美。

③ 苹果绿色是很年轻活力的颜色,常运用于运动清新的服饰。

◎3.4.3 嫩绿 & 叶绿

① 嫩绿色是生命的颜色,温婉轻柔。一抹新绿显得格外稚嫩。

② 上身为嫩绿色棉质露肩 T 恤,下身为黑色雪纺阔腿裤,整体搭配富有朝气活力,青春气息十足。

③ 金色坡跟凉鞋将整体造型衬托得更加干净清爽,凸显四肢修长。

① 叶绿色是洋溢着盛夏色彩的颜色,体现着热情似火的同时又不乏清凉舒适感。

② 内搭为波点雪纺衬衫,外搭叶绿色薄款针织衫,水蓝色的纱巾更是凸显出整体造型的干净清爽。

③ 太阳花式帆布鞋和中筒袜更是将运动元素和整体造型进行了完美的融合。

◎3.4.4 草绿 & 苔藓绿

1 草绿色清新亮丽，象征着蓬勃生机，同时也给人以沉稳、知性的印象。

2 上衣为浅蓝色棉麻衬衫外搭草绿色针织毛衣，下身为深蓝色印有橘黄色印花的哈伦裤，整体搭配跳跃但不失沉稳。

3 草绿色与黄色搭配会更显活力，与深蓝色搭配则更能够凸显出沉稳的气质。

1 苔藓绿色彩饱和度较低，给人以稳重、干练的感觉。

2 上衣为苔藓绿色不对称剪裁薄毛呢背心，下身为过膝皮裙，整体搭配简洁商务。

3 搭配黑色绑带高跟鞋更是充分展现了腿部线条，显得干练硬朗。

◎3.4.5 芥末绿 & 橄榄绿

1 芥末绿色彩明度较低，给人以优雅、低调的感觉。

2 服装整体设计为拼接连衣裙，上部分采用材质为太空棉芥末绿色裹胸上衣，裙摆部分为深浅绿色交叉条纹图案雪纺裙，整体搭配充满夏威夷风情。

3 浅黄色的头巾与彩色贝壳项链更是为整体造型锦上添花，更显摩登优雅。

1 橄榄绿颜色明度较低，给人以低调复古的印象。

2 服装整体使用厚雪纺材质，款式为复古款V领百褶连衣裙，整体造型充满了欧洲风情。

3 棕色且具有光泽感的高跟鞋，将复古典雅的气质表现得更加鲜明。

◎3.4.6 枯叶绿 & 碧绿

❶ 枯叶绿是一种中性的颜色，给人以沉着稳重、率性的感觉。

❷ 服装以枯叶绿色棉质背心裙作为主调，外披宝蓝色休闲外套。整体造型搭配简洁休闲、干净清爽。

❸ 露趾凉拖的搭配更是给人一种轻松、愉悦的感受。

❶ 碧绿色是自然清新的颜色，给人以清新活泼的印象。

❷ 服装为厚雪纺材质碧绿色高腰半袖短裙，整体版型简洁大方，充满了青春气息。

❸ 米白色绑带高跟鞋更加凸显腿部线条，服装整体搭配更显俏皮可爱。

◎3.4.7 绿松石绿 & 青瓷绿

❶ 绿松石绿给人一种宝石般的轻灵透彻感。

❷ 服装为绿松石颜色丝缎收腰廓形西服外套，行走间波光粼粼，颇显华贵。

❸ 绿松石绿色是一种圣洁的颜色，搭配礼服显得华丽清新。

❶ 青瓷绿的明度较高，给人以典雅高贵的感觉。

❷ 服装内搭深蓝色烫绒长裙，显得典雅华贵，青瓷绿色外套搭配使整体造型清新脱俗。

❸ 深棕色高跟鞋搭配复古装扮则更凸显气质典雅。

◎3.4.8 孔雀石绿 & 铬绿

① 孔雀石绿的色相及饱和度较高，给人以饱满、热烈的感觉。

② 上身内搭为白色薄雪纺衬衣，孔雀石绿色针织外搭和包臀裙交相辉映，整体造型华丽、高贵。

③ 黑头白色的高跟鞋与整体造型相互搭配，凸显名媛气质。

① 铬绿色明度较低，给人一种深沉、厚重的感觉。

② 上身为铬绿色不规则剪裁礼服，下身为宝蓝色厚丝缎长裙。整体造型凸显沉着典雅的气质。

③ 腰间系带颇具新意，拉长下身比例，显得高秀挺拔。

◎3.4.9 孔雀绿 & 钴绿

① 孔雀绿的颜色浓郁，给人以高贵、冷艳、神秘的感觉。

② 上衣为孔雀绿与靛蓝拼接毛呢西服，下身为纯靛蓝色毛呢西裤。整体搭配过渡和谐，颇有质感。

③ 手包的粉色与靛蓝色的拼接设计与浅蓝色布洛克皮鞋相互搭配，更是紧扣主题。

① 钴绿色颜色明度相对较高，给人以强烈的新鲜活跃气息。

② 上身为钴绿色迷彩毛衣，下身为军绿色哈伦裤。整体搭配青春感十足，配色舒适。

③ 黑色皮鞋与卡其色背包更增添了一丝学院气息，更显朝气蓬勃。

3.5 青

◎3.5.1 认识青色

　　青色：青色是介于蓝、绿色之间，类似于发蓝的绿色或发绿的蓝色。青色是一种底色，清冽而不张扬，尖锐而不圆滑。它象征着希望、坚强、古朴和庄重，这也是传统的器物和服饰常常采用青色的原因。

　　色彩情感：清脆、欢快、淡雅、安静、沉稳、内涵、广阔、深邃、阴险、消极、沉静、冰冷。

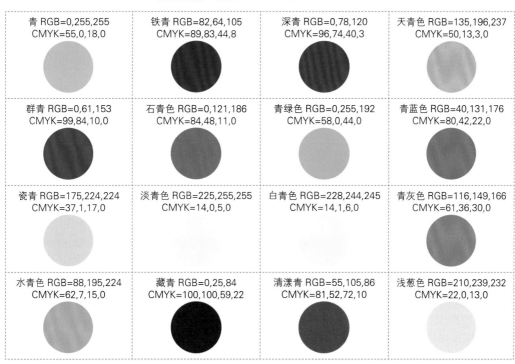

青 RGB=0,255,255 CMYK=55,0,18,0	铁青 RGB=82,64,105 CMYK=89,83,44,8	深青 RGB=0,78,120 CMYK=96,74,40,3	天青色 RGB=135,196,237 CMYK=50,13,3,0
群青 RGB=0,61,153 CMYK=99,84,10,0	石青色 RGB=0,121,186 CMYK=84,48,11,0	青绿色 RGB=0,255,192 CMYK=58,0,44,0	青蓝色 RGB=40,131,176 CMYK=80,42,22,0
瓷青 RGB=175,224,224 CMYK=37,1,17,0	淡青色 RGB=225,255,255 CMYK=14,0,5,0	白青色 RGB=228,244,245 CMYK=14,1,6,0	青灰色 RGB=116,149,166 CMYK=61,36,30,0
水青色 RGB=88,195,224 CMYK=62,7,15,0	藏青 RGB=0,25,84 CMYK=100,100,59,22	清漾青 RGB=55,105,86 CMYK=81,52,72,10	浅葱色 RGB=210,239,232 CMYK=22,0,13,0

◎3.5.2　青＆铁青

❶ 青色明度较高，所以在众多颜色中更容易被凸显。

❷ 服装上身为青色紧身针织毛衣，下身为酒红色玫瑰花图案短裙，整体搭配简约浪漫，女人味十足。

❸ 手持棕色斜挎包与短裙的颜色相呼应，使整体看上去更加和谐、统一。

❶ 铁青色属于低明度的色彩，给人以沉着、凉爽的感觉。

❷ 服装材质采用铁青色雪纺，Ⅴ领显得性感而苗条，整体造型舒适休闲、清纯性感。

❸ 银光色眼镜和高跟鞋上下呼应，与主体形成强烈对比。

◎3.5.3　深青＆天青色

❶ 深青色颜色明度较低，给人以低调稳重的感觉。

❷ 服装以空姐制服作为设计理念，上衣和半裙均为深青色薄呢材质，胸前的一抹深蓝色更是别具创意。

❸ 黑色过踝马丁靴将整体造型诠释得更加率性。

❶ 天青色会让人联想到晴朗的天空，是一种令人身心愉悦的颜色。

❷ 背心上衣和针织外套同样使用了布洛克花纹样式图案，下身为一条天青色高腰直筒牛仔裤，整体配色舒适，图案和谐。

❸ 在整体搭配中天青色牛仔裤尤为抢眼，却和花纹搭配相得益彰。

◎3.5.4 群青 & 石青色

① 群青色色彩饱和度较高，偏蓝色，给人以深邃、空灵的感觉。

② 上身为不规则剪裁群青色高领厚雪纺上装，下身为简约直筒休闲西裤，整体搭配高贵、性感、率真。

③ 侧腰设计尤为突出，将女性的干练美和曲线美同时表达出来。

① 石青色明度较高，给人以新鲜、亮丽的感觉。

② 服装为石青色包臀皮质短裙，整体效果青春靓丽，朋克感十足。

③ 高开衩设计别出心裁，使服装整体元素更加丰富多彩。

◎3.5.5 青绿色 & 青蓝色

① 青绿色明度较高，给以一种清新、灵活、生动的视觉感受。

② 上衣为浅蓝色橙色撞色太空棉T恤，下身为青绿色喇叭裙裤，整体搭配色彩冲击感强烈。

③ 高纯度的色彩和夏日的气息相辅相成，恰到好处的色彩搭配碰撞出时尚火花。

① 青蓝色明度不高，稍微偏灰，给人以忧郁、悲伤的感觉。

② 青蓝色卫衣外套搭配宝蓝色莫代尔内搭与黄色纱质短裙形成了鲜明的颜色冲击对比，整体给人居家休闲的感觉。

③ 平底鞋更加凸显出整体造型的轻松舒适感。

◎3.5.6　瓷青 & 淡青色

① 瓷青色色如其名，如同瓷器般轻薄精致。

② 上身为米色碎花Ｖ领短西服，下身为瓷青色千鸟格喇叭裤，整体造型摩登时尚，淡雅却现代感十足。

③ 上衣款式设置为短身，下身款式设计为高腰，从视觉上改变人体比例，更凸显双腿的修长。

① 淡青色颜色明度高，给人一种纯净清冷的感觉，纤尘不染。

② 服装材质采用淡青色挑针薄毛呢材质，上身款式为短款七分袖西服上衣，下身款式为高腰马服款修身西裤，整体造型简洁干练。

③ 白色长款手包和白色绑带高跟鞋的搭配更显精干。

◎3.5.7　白青色 & 青灰色

① 白青色的服饰给人以清新、淡雅的感觉。

② 服装整体以淡青色波点衬衫裙为主题，波点式外套披肩也与之配套，整体造型显得清新可爱。

③ 波点蝴蝶结草帽和波点水桶包以及波点中筒袜、波点凉鞋都紧扣主题，令白青色显得分外清纯可人。

① 青灰色颜色为中明度，颜色纯度也较低，所以给人以一种朴素、静谧的感觉。

② 服装整体以青灰色背带短裙为主体，五金点缀的黑色腰带和浅蓝色皮包以及黑色甜美蝴蝶结高跟皮鞋作为装饰，整体造型简洁甜美。

③ 黑色最为百搭，而相近色会给人舒适的过渡感。

◎3.5.8　水青色＆藏青

① 水青色色彩冷冽、清凉、易让人联想到纯净的山泉和寒冷的冰山，给人以高处不胜寒的距离感。

② 整体设计为水青色不对称图案、厚雪纺男士西服，整体造型给人清爽、明快的感觉。

③ 不对称式样的图案给整体服装更多添了一分灵动性。白色布鞋把整套服装表现得更为清新、舒适。

① 藏青色的颜色明度较低，通常给人以理智、坚毅、勇敢的印象。

② 服装整体剪裁手法独特，上身为深湖蓝色丝缎面料，裙摆处为棉质面料，整体设计颇具层次感，过渡舒适。

③ 光泽感深湖蓝色手包以及银色高跟鞋，将服装整体衬托得更加神秘、稳重。

◎3.5.9　清漾青＆浅葱色

① 清漾青的色彩倾向于墨绿色，是一种孤傲、自我的颜色，也是很有历史色彩的颜色。

② 上身为清漾青色丝缎高领上装，下身为几何图案黑白色高腰七分裤，整体搭配个性鲜明、稳重。

③ 香槟色与黑色拼色交叉高跟鞋更是拉长腿部线条，显得更加高挑迷人。

① 浅葱色是一种空灵纯净的颜色，淡绿中透着些许青色，给人以"清水出芙蓉，天然去雕饰"的视听感受。

② 服装整体以浅葱色丝缎面料连衣裙作为主体，不规则的缝制褶皱更是丰富了整体层次感。

③ 裙角点缀的豆沙色花朵为整体增添了童真稚嫩的气息。

3.6 蓝

◎3.6.1 认识蓝色

蓝色：蓝色是神秘浪漫的色彩，容易让人联想到湛蓝的天空和蔚蓝的海水，蓝色是永恒的象征。纯净的蓝色表现出智慧、魅力、安静、祥和的感情。蓝色所表达的情感气息为优雅，有教养，性情爽快，物欲淡薄。

色彩情感：沉静、冷淡、理智、高深、透明、现代、沉闷、庸俗、死板、陈旧、压抑。

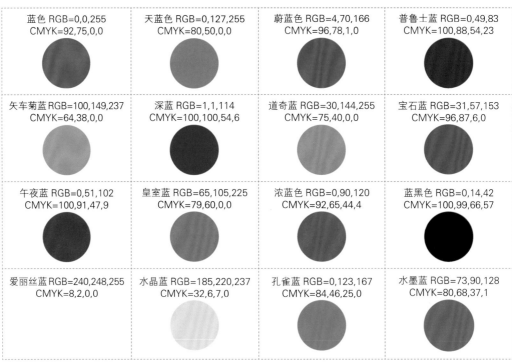

蓝色 RGB=0,0,255
CMYK=92,75,0,0

天蓝色 RGB=0,127,255
CMYK=80,50,0,0

蔚蓝色 RGB=4,70,166
CMYK=96,78,1,0

普鲁士蓝 RGB=0,49,83
CMYK=100,88,54,23

矢车菊蓝 RGB=100,149,237
CMYK=64,38,0,0

深蓝 RGB=1,1,114
CMYK=100,100,54,6

道奇蓝 RGB=30,144,255
CMYK=75,40,0,0

宝石蓝 RGB=31,57,153
CMYK=96,87,6,0

午夜蓝 RGB=0,51,102
CMYK=100,91,47,9

皇室蓝 RGB=65,105,225
CMYK=79,60,0,0

浓蓝色 RGB=0,90,120
CMYK=92,65,44,4

蓝黑色 RGB=0,14,42
CMYK=100,99,66,57

爱丽丝蓝 RGB=240,248,255
CMYK=8,2,0,0

水晶蓝 RGB=185,220,237
CMYK=32,6,7,0

孔雀蓝 RGB=0,123,167
CMYK=84,46,25,0

水墨蓝 RGB=73,90,128
CMYK=80,68,37,1

◎3.6.2 蓝色 & 天蓝色

❶ 蓝色纯度较高，色彩鲜艳，给人以摩登时尚的感觉。

❷ 服装整体以蓝色为主色调，蓝色西服外搭与蓝色上衣内搭和西服紧身裤形成了强烈的视觉冲击效果。

❸ 裸色短靴中和了蓝色带来的视觉疲劳，搭配得当。

❶ 天蓝色色彩纯净，容易让人联想到广阔晴朗的天空，给人以豁达、开阔的感觉。

❷ 上装为千鸟格交叉棕色不规则图案纱质衬衣，下装为黑色网格天蓝色丝缎式高腰短裙。

❸ 搭配皮裤短靴，整体造型野性十足，为穿着者增添些许风情。

◎3.6.3 蔚蓝色 & 普鲁士蓝

❶ 蔚蓝色空灵、澄澈，给人以幽秘、深邃的感觉。

❷ 服装整体搭配以蓝色作为主色调，以蓝色光泽感花边背心内搭与蔚蓝色烫绒运动外套形成了完美的融合，优雅时尚充满活力。

❸ 金色配饰手表与波点棒球帽的搭配，将整体造型体现得更加原宿、嘻哈。

❶ 普鲁士蓝色彩饱和度偏低，给人以深沉、内敛的感觉。

❷ 以红色棉麻面料格子衬衫作为内搭，普鲁士蓝色棒球外套作为外搭，整体造型简洁率性，极具学院风格。

❸ 黄色墨镜的搭配更给整体造型添加了一丝叛逆的味道。

◎3.6.4　矢车菊蓝 & 深蓝

① 矢车菊蓝给人一种朦胧感，具有如同天鹅绒般的独特质感。

② 外套为长西服样式矢车菊蓝色棉服，内搭为浅蓝色衬衫，下身为亮黄色长裤，整体搭配清新亮眼。

③ 通过鞋子、手包、项链等装饰，充分丰富细节，使整体造型简约却不失单调。

① 深蓝色明度低，饱和度高，神秘而深邃，有着低调奢华的质感。

② 整体服装的材质定义为深蓝色海马毛，腰间的不规则系扣更是为服装整体增添了一分随性感。

③ 浅灰色长筒袜搭配黑色鱼嘴高跟鞋，凸显纤细曲线，女人味十足。

◎3.6.5　道奇蓝 & 宝石蓝

① 道奇蓝色彩明度较高，给人以迪士尼童话般的幻想。

② 外搭道奇蓝色和服样式丝缎外套，内搭印有虎头的T恤，下身是破洞牛仔短裤，整体造型标新立异，充满了穿越古今的古典美与现代感的视觉冲击。

③ 类似古代发髻的头型和雨伞、木屐，在传达出历史信号的同时还饱有一分性感奔放美。

① 宝石蓝明度和色彩饱和度都较高，它成色纯透鲜艳，给人以典雅高贵的感觉。

② 服装整体材质为宝石蓝色纱质不规则拖地礼服长裙，整体造型古典优雅，如清风拂面。

③ 胸前交叉设计也颇为亮眼，不仅拉长了手臂曲线而且丰富细节，也使服装整体不必过于暴露。

◎3.6.6 午夜蓝 & 皇室蓝

❶ 午夜蓝颜色明度低，容易让人联想到静谧的夜空，给人以神秘、沉稳的感觉。

❷ 外套为浅米色夹克外套，内搭深蓝色豹纹样式薄纱材质衬衫，下身是午夜蓝色高腰阔腿牛仔裤，整体搭配霸气休闲。

❸ 手挎包样式颜色与内搭衬衫相互呼应，凸显率性的同时又不乏妖艳之美。

❶ 皇室蓝饱和度较低，给人以低调柔和的优雅视觉美感。

❷ 服装上身为丝缎材质圆领皇室蓝色喇叭袖衬衫，下身为皮革材质及红色高腰系带短裙，整体搭配显得高贵典雅。

❸ 皇室蓝是一种神圣高洁的颜色，适用于正装或职业装。

◎3.6.7 浓蓝色 & 蓝黑色

❶ 浓蓝色饱和度较高，具有浓郁的异域风情，给人以神秘优雅的感觉。

❷ 服装整体以浓蓝色为主调，具有浓郁尼泊尔风情的花纹布满裙身，整体造型复古典雅，颇有民族风情。

❸ 具有现代元素的黑色礼帽与浓蓝色长裙形成了完美的融合。

❶ 蓝黑色颜色明度低饱和度高，给人以冷静、理智的印象。

❷ 服装整体以丝缎材质为主，特殊机械压制褶皱为辅。深 V 和高开衩设计别具匠心，性感与华丽兼备。

❸ 独特的面料与高贵的蓝黑色相称，充斥着奢华的视觉感受。

◎3.6.8 爱丽丝蓝 & 水晶蓝

❶ 服装整体采用的材质为薄纱，上装透过不规则剪裁与极具特色的碎花拼接构成，下装为爱丽丝蓝色高开叉短裙。

❷ 爱丽丝蓝色清新淡雅，如同晨露坠入清涧。

❸ 接近浅蓝灰色或者钢青色，是当下时尚感很强的颜色。

❶ 水晶蓝明度较高，给人以轻盈、纯粹的印象。

❷ 服装整体采用薄纱材质，另缀有飞边。薄纱轻盈剔透仿若无物，飞边轻舞飞扬，仙气飘飘。

❸ 水晶蓝如同晶石般剔透，又如同泉水般沁人心脾。

◎3.6.9 孔雀蓝 & 水墨蓝

❶ 孔雀蓝明度适中饱和度较高，容易让人联想到孔雀蓝釉或者浓厚的东南亚风情。

❷ 服装棉质卫衣与短裤均选用白色，外套为孔雀蓝色鹿皮材质机车外套，内搭黄紫斑纹的衬衫，细节效果十分醒目，给人以充沛的活力感。

❸ 白色黑边的凉鞋中和了机车服带来的生硬感，柔化了整体色彩的设计线条。

❶ 水墨蓝颜色纯度较低，稍微偏灰色调，给人以谨慎、沉稳的感觉。

❷ 上身为水墨蓝色与黑色拼接不规则灯笼袖针织衫，下身为黑底白点紧身波点短裙，整体造型简约干练。

❸ 光泽感皮质短靴搭配整体造型更凸显率性。

3.7 紫

◎3.7.1 认识紫色

紫色：紫色是浪漫高贵的色彩，又夹杂着些许忧伤的情感。紫色还具有权威、声望的含义。在中国传统观念里，紫色向来是尊贵的颜色，例如，北京故宫又称为"紫禁城"，亦有所谓"紫气东来"的含义。

色彩情感：神圣、芬芳、慈爱、高贵、优雅、自傲、敏感、内向、冰冷、严厉。

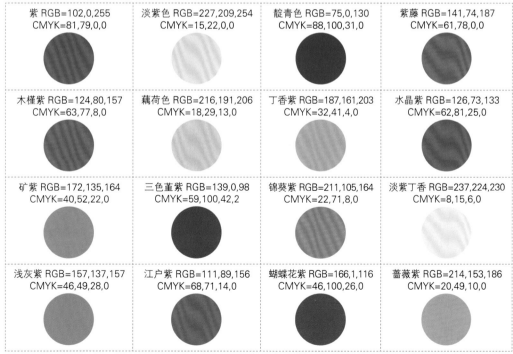

紫 RGB=102,0,255 CMYK=81,79,0,0	淡紫色 RGB=227,209,254 CMYK=15,22,0,0	靛青色 RGB=75,0,130 CMYK=88,100,31,0	紫藤 RGB=141,74,187 CMYK=61,78,0,0
木槿紫 RGB=124,80,157 CMYK=63,77,8,0	藕荷色 RGB=216,191,206 CMYK=18,29,13,0	丁香紫 RGB=187,161,203 CMYK=32,41,4,0	水晶紫 RGB=126,73,133 CMYK=62,81,25,0
矿紫 RGB=172,135,164 CMYK=40,52,22,0	三色堇紫 RGB=139,0,98 CMYK=59,100,42,2	锦葵紫 RGB=211,105,164 CMYK=22,71,8,0	淡紫丁香 RGB=237,224,230 CMYK=8,15,6,0
浅灰紫 RGB=157,137,157 CMYK=46,49,28,0	江户紫 RGB=111,89,156 CMYK=68,71,14,0	蝴蝶花紫 RGB=166,1,116 CMYK=46,100,26,0	蔷薇紫 RGB=214,153,186 CMYK=20,49,10,0

◎3.7.2 紫 & 淡紫色

❶ 紫色的色彩饱和度较高，颜色浓郁有张力。给人以妖艳、高贵的感觉。

❷ 服装上身为透明薄纱材质装饰有紫色锯齿状花纹，下身为浅米色紧身包臀裙，整体搭配富有朦胧的透视美。

❸ 腰间的米白色腰带塑造完美曲线，可拉长身形比例。

❶ 淡紫色色彩饱和度较低，给人以含蓄、婉约的印象。

❷ 服装整体为淡紫色棉麻质地长裙，款式简洁大方，棕色的皮质腰带瞬间拉长了腿部线条。

❸ 棕色皮包与棕色皮带相呼应，给人以秀丽舒适的感觉。

◎3.7.3 靛青色 & 紫藤

❶ 靛青色是一种明度较低的紫色，给人以独特、神秘的视觉感受。

❷ 服装上身为香芋色印有花朵图案宽松T恤，下身为靛青色厚雪纺材质阔腿裤，整体搭配清新休闲。

❸ 明暗差异较大的紫色搭配，给人以舒适的视觉过渡效果。

❶ 紫藤色的颜色来自于紫藤花，这类紫色纯度较高，给人以优雅、迷人的视觉感。

❷ 服装整体以浅灰色薄呢材质与紫藤色丝缎材质拼接完成整体设计，整体设计搭配简约优雅。

❸ 深紫色坡跟鱼嘴高跟鞋加强腿部线条的同时，与紫藤色裙摆相呼应。

◎3.7.4　木槿紫 & 藕荷色

❶ 木槿紫明度中等，给人以优雅、浪漫的感觉。

❷ 服装整体选用木槿紫作为主色调，上身为不规则式剪裁拉链皮衣，下身为木槿紫色紧身皮裤，整体搭配帅气十足。

❸ 裸色高跟鞋很好地装点了整套服装搭配，增添了柔情气息。

❶ 藕荷色泛指浅紫中略带粉红的颜色。色彩饱和度较浅紫色要低一些，给人以清新淡雅之感。

❷ 内搭藕荷色棉麻质地衬衫，将上衣深蓝色牛仔外套与下身深蓝色高开衩紧身牛仔裙配套，整体造型颇具性感与运动的冲击感。

❸ 将两种不同元素搭配合理地融合在一起，会产生意想不到的效果。

◎3.7.5　丁香紫 & 水晶紫

❶ 丁香紫颜色轻柔淡雅，象征着女性的温柔、娴熟。

❷ 服装整体以丁香紫色为主，外搭丁香紫色厚雪纺长开衫，内搭丁香紫色衬衫裙，颇具日本武士的韵味。

❸ 服饰的黑边装饰把整体造型凸显得更加英气逼人。

❶ 水晶紫色彩浓郁，给人以神秘、浪漫的感受。

❷ 服装整体采用棉布材质，上身为湖绿色立领宽松 T 恤，下身为水晶紫色高腰系带长裙，整体色彩造型复古简约。

❸ 彩色帆布鞋使整体设计在体现端庄复古的同时又增添了一丝跳跃、活泼。

◎3.7.6 矿紫 & 三色堇紫

1 矿紫色既有紫色的柔美，又有灰色的坚毅，给人以坚毅、挺拔的印象。

2 服装外套为薄呢材质千鸟格外套，内搭透明材质衬衫，下装为矿紫色紧身休闲裤，整体搭配惬意随性。

3 矿紫色用色考究，使原本稀松平常的款式迸发出了新的活力。

1 三色堇紫中泛红，给人以年轻朝气、积极向上的印象。

2 服装上身为三色堇紫色丝缎面料短袖衬衫，下身为西瓜红色丝缎材质短裙，整体服装搭配活力四射、色彩鲜明。

3 钢柱手链更为整体造型添加了律动性，使整体造型显得跳跃富有生机。

◎3.7.7 锦葵紫 & 淡紫丁香

1 锦葵紫明度高，稍微偏红，给人一种光鲜、喜庆的感觉。

2 服装采用锦葵紫色作为主体，款式类似于中国旗袍，整体服装设计尽显温婉大气。

3 绑带高跟鞋与勾勒裙边的边框相互呼应，使整体服装设计内容更加和谐统一。

1 淡紫丁香饱和度较低，给人以淡雅、古典的印象。

2 服装整体采用蕾丝的材质面料，腿部线条在淡紫丁香色裙中若隐若现，更显修长。

3 淡紫丁香色颜色清雅，与现代化的服装设计形成了完美的视觉冲击。

◎3.7.8 浅灰紫 & 江户紫

① 浅灰紫色明度低，稍微偏黑，给人以忧郁、悲伤的感觉。

② 服装上身为网纱材质的米色上衣，下身为黑色高腰短裤外系浅灰紫色半身裙，整体搭配简约中隐含奢华。

③ 黑色绑带皮质高跟鞋中和了裙摆带来的厚重感，将侧重点放在鞋子上，更加凸显腿部比例。

① 江户紫明度较低，稍微偏蓝。既有紫色的优雅，又有蓝色的理智。

② 服装上装为浅棕色内搭，外套为江户紫色短夹克，下装为宝蓝色哈伦裤，整体造型时尚摩登，充满爱尔兰风情。

③ 外套兜的红色与鞋子上的红色上下呼应，使整体造型元素更加完善。

◎3.7.9 蝴蝶花紫 & 蔷薇紫

① 蝴蝶花紫色彩明度低，给人以沉稳、低调的感觉。

② 服装以蝴蝶花紫色、黑色和绿色三色拼色为色调，采用光泽感编织面料，使整体造型现代感十足。

③ 黑色鱼嘴高跟凉鞋紧扣整体设计的主题，更能够凸显时尚的品位。

① 蔷薇紫色明度较高，纯度较低，给人以清纯、稚嫩的感觉。

② 服装上身为蔷薇紫色 POLO 衫 T 恤，下身为米色碎花短裤，整体搭配清新可爱，富有田园气息。

③ 整体造型采用紫色凉鞋搭配黑丝短袜，给人一种调皮可爱的感觉。

3.8 黑、白、灰

◎3.8.1 认识黑、白、灰

黑色：黑色是一种既神秘又暗藏力量的色彩。黑色具有多变又百搭的特性。它庄重高雅，又可以烘托其他色彩。大面积使用黑色时，会产生一种压抑、沉重感。

色彩情感：品质、奢华、庄严、正式、恐怖、阴暗、暴力、阴险。

白：在服装配色设计中，白色是高端、纯净的象征，擅长与其他色彩搭配使用，大面积使用纯白色会给人以冷冽、单调的感觉。

色彩情感：朴素、贞洁、神圣、和平、纯净、寒冷、空洞、葬礼、哀伤、冷淡。

灰：灰色较白色深些，较黑色浅些，交界于黑、白两色之间，更有种暗抑的美，不比黑色和白色的纯粹，却也不似黑色和白色的单一。

色彩情感：高雅、艺术、中庸、低调、谦虚、沉默、寂寞、忧郁、悲伤、沉闷。

白 RGB=255,255,255 CMYK=0,0,0,0	月光白 RGB=253,253,239 CMYK=2,1,9,0	雪白 RGB=233,241,246 CMYK=11,4,3,0	象牙白 RGB=255,251,240 CMYK=1,3,8,0
10% 亮灰 RGB=230,230,230 CMYK=12,9,9,0	50% 灰 RGB=102,102,102 CMYK=67,59,56,6	80% 炭灰 RGB=51,51,51 CMYK=79,74,71,45	黑 RGB=0,0,0 CMYK=93,88,89,88

◎3.8.2 白&月光白

❶ 白色是简约、纯粹的颜色，象征着友谊与爱情的纯洁无瑕。

❷ 服装上身为棉质宽松T恤，下身为香槟色光泽面料休闲短裙，整体造型简洁大气。

❸ 白色鱼嘴高跟鞋更是为整体造型增添了一抹夏季的凉意。

❶ 月光白稍微偏黄，它没有白色的纯粹冷冽，却增添了柔和饱满之感。

❷ 服装整体以月光白色厚雪纺作为主要材质，款式为抹胸泡泡短裙，整体造型如同"泡芙"一样香甜软糯，乖巧迷人。

❸ 深棕色复古高跟鞋、粉色链包与草帽交相辉映点缀细节，给人以极强的复古感。

◎3.8.3 雪白&象牙白

❶ 雪白色颜色偏青，给人以虚无缥缈的梦幻之感。

❷ 服装整体设计为雪白色雪纺连衣裤，款式简洁明了、干练率性。

❸ 在白色链条斜挎包与厚底高跟鞋的衬托下，更加丰富了整体造型的一致性，使其趋于完整。

❶ 象牙白的色调偏暖，少了一分白色的生硬和绝对，多了一分属于自己的柔美和温暖。

❷ 服装整体设计为象牙白色蕾丝长裙，款式传统、富有文化底蕴。

❸ 象牙白色虽白却不苍白，给人一种舒适的视觉感受。

◎3.8.4　10% 亮灰 & 50% 灰

❶10% 亮灰色色彩明度较高，给人以高雅、素净的印象。

❷服装整体采用蕾丝材质，上身为亮灰色透视上衣，下身为白色蕾丝紧身高腰裙，整体造型给人一种职业、有内涵的感觉。

❸整体搭配中拼色手包最为亮眼，它使得整体搭配不过于清淡，给人出其不意的效果。

❶50% 灰是富有中性色彩的颜色，给人以低调、稳重的印象。

❷服装整体采用亮片作为材质，上身为吊带露脐背心，下身为亮片鱼尾裙，整体造型如同"美人鱼"一般令人惊艳。

❸50% 灰多了一分性感婉约，少了一分黑色带给人的压抑庄重。

◎3.8.5　80% 炭灰 & 黑

❶80% 炭灰颜色偏深，给人以坚毅、朴实的印象。

❷服装内搭为灰色厚纱材质连衣裤，外装为炭灰色皮草大衣，整体造型简洁霸气，透露着中性美。

❸黑色平底马丁靴符合服装整体设计理念，更显高贵冷艳。

❶黑色具有高贵、稳重的特点，是一种永恒的流行色，适合与众多色彩做搭配。

❷服装整体设计为黑色纱质西服裙，整体设计简洁大方，妖艳妩媚。

❸黑色丝缎长款手包与整体服饰完美地融为一体，同时也让细节效果更加丰富。

第4章 服装的风格和类型

　　服装风格反映了一个时代的流行趋向，或是民族的经典传承，再或是个人的价值取向、精神追求。多种多样的服装类型是人类对美的不懈追求的精神产物，变幻莫测的服装风格则凸显出设计师特立独行的设计理念和对完美的追求，体现出鲜明独特的时代特征。

◆　服装根据季节的变换而变换，不同季节穿搭不同类型的衣物会起到很好的散热或保暖作用，不同类型的衣物也让我们平淡乏味的日常生活变得多姿多彩。

◆　服装风格多种多样，不同年龄、不同品位的人只有穿着适合自己风格的服装才能将自身优点放大并表现出来。

4.1 服装风格

服装风格是指不同种类、样式的服装在形式和内容方面所体现出来的价值理念、内在品位和艺术共鸣。服装设计的重点在于对服装定义的风格和鉴赏，服装风格体现了设计师独特的创作思维，对美的认知，也凸显出强烈的现代化特征。

服装风格一贯遵循传统、敏锐的眼光，保留传统却以与众不同的形象示人，完美演绎着特立独行的个性。各种各样的轮廓造型，考究的细部处理，缤纷的色彩搭配，展现出鲜明的特点，寻求独特而平衡的美，是服装风格遵从的真理。

服装风格的魅力在于发掘自身的优点。设计师的创意与实用主义，融合艺术美学风格，创作出出彩又富有内涵的调配。传达出充满质感的生活品位，在职场和生活中展现出精明干练的同时又能兼顾流行。

按种类繁多的服装风格划分，可分为瑞丽、嬉皮、百搭、淑女、韩版、民族、欧美、学院、OL、中性、田园、朋克、洛丽塔、简约、通勤等十几种。

◎4.1.1 瑞丽

设计理念：瑞丽的主要风格是以甜美优雅深入人心。服装整体设计灵感来源于天鹅，既有翩翩起舞的轻盈感，又有少女般的青涩可爱。

色彩点评：水蓝色纱质蕾丝公主裙与西瓜红色高跟凉鞋形成强烈的视觉对比。在体验水蓝色带来柔和感同时，红色高跟鞋如同树枝上轻颤的樱桃点缀其间，晶莹剔透。

🔵① 服装上身选用欧根纱透视材质，与裙摆处厚纱材质各不相同，丰富了层次，却没有过于厚重的感觉。

🔵② 曲线鲜明的蓝色外套和及膝的蓝色裙子搭配，会透出一种轻盈的妩媚气息。

🔵③ 蓝白红搭配是视觉最美的效果。用补色的对比色搭配或过渡色搭配会让人感觉舒缓，不会有视觉跳跃之感。

- RGB=99,154,167 CMYK=65,31,33,0
- RGB=180,202,233 CMYK=34,17,3,0
- RGB=283,132,163 CMYK=8,62,13,0
- RGB=176,4,21 CMYK=38,100,100,4

服装整体配色清新和谐，给人以置身街头的即视感，充分符合瑞丽的可爱浪漫风格。

- RGB=239,239,231 CMYK=8,6,11,0
- RGB=46,97,147 CMYK=83,61,23,0
- RGB=99,27,20 CMYK=54,95,100,42

服装整体配色温馨淡雅，着装和细节每一处都透露着浓厚的日系风情，甜美可人。

- RGB=245,241,241,0 CMYK=5,6,5,0
- RGB=131,136,160 CMYK=56,48,28,0
- RGB=114,58,60 CMYK=56,83,71,52

瑞丽原为日本著名的时尚杂志，受众人群主要以学生和年轻白领为主。总体来说瑞丽风格主要以甜美优雅、青春可爱深入人心。

◆ 左图服装上衣采用纯棉质地宽松露脐衬衣，下身为一条亮红色百褶裙，整体搭配优雅明快。

◆ 右图服装整体设计为浅米色背心款蕾丝雪纺长裙，给人以清新淡雅、超凡脱俗之感。

◆ 瑞丽风格穿搭，时而柔情似水，时而热情如火。但在衣着裁剪上都保有着传统观念，不会做较大的改动。故给人以清新甜美，却不老旧保守的印象。

配色方案

双色配色　　　　　　　　三色配色　　　　　　　　五色配色

瑞丽风格设计赏析

◎ 4.1.2 嬉皮

服装整体颜色多种多样，并没有给人杂乱无章的感觉，反而给人以强烈的青春叛逆气息，整体配色和谐。

- RGB=223,211,219 CMYK=15,19,9,0
- RGB=162,185,194 CMYK=42,22,21,0
- RGB=211,220,162 CMYK=24,9,44,0
- RGB=231,148,159 CMYK=11,53,26,04

设计理念：服装整体设计灵感来源于20世纪60年代Hippy流行文化。嬉皮风为青年人宣示自己对现代生活态度的理解，偏爱个性十足的服饰与发饰。整体设计既有现代元素，又隐含着古风。

色彩点评：蓝红色棉麻质地磨边衬衫上衣，搭配深蓝色磨边牛仔裤相得益彰，色彩搭配和谐，在凸显个性的同时也不会显得太过浮夸。

🔵采用棉麻质地更加符合服装整体的设计风格，以一种非唯物主义的生活方式，给人特立独行的直观感受。

整体设计采用貂皮马甲、镭射面料短裙、喷墨花式裤子、荧光黄色高跟鞋等多种元素，诠释出属于嬉皮的独特魅力。

🔵红色和蓝色，属于三原色中的两种色，只要搭配合理绝对可以拒绝平庸，令人眼前一亮。

- RGB=23,36,84 CMYK=100,99,52,20
- RGB=230,66,56 CMYK=11,83,70,0
- RGB=21,38,84 CMYK=100,97,52,20
- RGB=14,13,21 CMYK=90,87,78,71

- RGB=0,0,0 CMYK=93,88,89,80
- RGB=165,136,106 CMYK=43,49,60,0
- RGB=233,228,224 CMYK=11,11,11,0
- RGB=17,6,42 CMYK=97,100,66,55
- RGB=241,55,52 CMYK=4,90,77,0
- RGB=244,232,58 CMYK=12,7,81,0

　　嬉皮士的着装风格古旧、颜色大胆，给人以放荡不羁、破旧陈乱的直观感受。现代许多年轻人热衷并追随这种风格。

◆　左图服装外套为嵌满铆钉的皮质风衣夹克，内搭黑色烫绒材质连衣裙，夸张式的金属项链与金属质地宽腰带烘托出鲜明的个性，率性且豪放不羁。

◆　右图服装设计整体以深蓝色牛仔材质为主体，内搭透明纱质衬衫，下身为手工刺绣星球图案紧身短裙，整体设计大胆创新，打破了人们对牛仔古老保守的印象。

◆　嬉皮士因为追求爱，所以也追求美好的事物，尤其以花为主。

配色方案

双色配色　　　　　　　　　三色配色　　　　　　　　　五色配色

嬉皮风格设计赏析

◎ 4.1.3　百搭

设计理念：服装上衣和外套都是采用最为百搭的黑白色。整体设计简洁明了，适合日常生活穿着，工作室穿着也不会显得过于随意，并且轻松舒适。

色彩点评：整体造型色彩搭配柔和舒适，都是服装里最常见的几种颜色，并且扬长避短搭配合理。

🔘 黑色会在感官的基础上给人以收缩的视觉效果。黑白色是永恒的经典搭配，以色调舒适百搭著称。

🔘 牛仔短裤也有与T恤、衬衫、毛衣等款式衣物的众多搭配方法。

- RGB=255,255,255 CMYK=0,0,0,0
- RGB=20,14,14 CMYK=85,84,84,73
- RGB=68,118,170 CMYK=77,51,19,0
- RGB=137,92,64 CMYK=52,68,79,11

一件简单的黑白杠针织衫搭配白色紧身裤也可以赐予它新的生命。它可以是朴素的、优雅的，甚至是性感的。这正是黑与白赋予的魅力。

- RGB=235,234,230 CMYK=10,8,10,0
- RGB=25,29,50 CMYK=93,91,64,50
- RGB=24,22,33 CMYK=88,87,72,62

服装整体造型为纯黑色背带低胸小黑裙，小黑裙在服装界更是具有必不可缺的地位。换上短靴，就变成了出行的清凉装扮；换上高跟鞋，就可以作为小晚礼服。

- RGB=7,6,12 CMYK=91,88,82,75
- RGB=230,217,195 CMYK=13,16,25,0

　　百搭是指衣服的颜色款式可以进行任意搭配，黑色和白色就是最为经典的百搭色彩，牛仔裤也可以和众多风格的服装饰品进行搭配。

◆　黑白色调为百搭色调，类似的款式，只要变换不同的装饰配件，就可以转换出多种多样的风格。

◆　黑多白少运用于职场中，会打破黑色的沉寂，在生硬的黑色下加入矜持的白色，会带来相对跳跃的活力，打造视觉层次感。

配色方案

双色配色　　　　　　　　　三色配色　　　　　　　　　五色配色

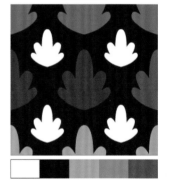

百搭风格设计赏析

设计理念：服装整体的设计灵感来源于春天，嫩绿色如同雨后春笋的萌芽般稚嫩，外罩一层薄纱好似晨雾。将女性的娇柔体现得淋漓尽致。

色彩点评：服装整体造型以白、嫩绿和草绿色组成，色彩循序渐进过渡和谐，给人以丰富的层次感以及柔和的视觉感受。

🔵蕾丝对于淑女版型的衣物来讲，有着难以取代的地位。加以蕾丝修饰，服装会体现得更加轻盈、梦幻。

🔵本套服装搭配草绿色手包给人以春意盎然的感觉；搭配浅米色包饰会给人清新恬雅的感觉；搭配棕色包饰则更会添加几分学院风。

RGB=194,224,190 CMYK=30,3,33,0
RGB=226,227,220 CMYK=14,10,14,0
RGB=64,104,51 CMYK=79,51,99,14

粉红稚嫩，桃红轻熟。将两种不同性格的红色搭配在一起，碰撞出了不同凡响的火花。服装整体造型颜色过渡细腻和谐，给人如沐春风的感觉。

RGB=251,118,166 CMYK=1,68,10,0
RGB=237,205,200 CMYK=8,25,18,0
RGB=219,163,143 CMYK=18,43,40,0
RGB=245,228,222 CMYK=5,14,12,0

服装整体造型采用豆沙粉和浅粉作为色彩基调，以机械压制暗花作为辅助元素。在粉色绑带平底鞋的陪衬下，整体色调越发温柔娇美。

RGB=219,154,146 CMYK=19,48,36,0
RGB=213,190,184 CMYK=20,28,24,0
RGB=189,123,83 CMYK=33,60,69,0
RGB=238,196,191 CMYK=8,30,20,0

＃淑女风格 ＃服装色彩搭配应用技巧

淑，代表女性温婉的气质体态。服装色彩以浅色调为主，不宜选用过深的色彩搭配。淑女风格休闲百搭，适合进出多种场合，是一种简易的出行装扮搭配。

◆ 若版式偏正装就更接近职场淑女风格，较为凸显气质；若版式偏休闲，就更偏向田园淑女风格，凸显亲切甜美。

◆ 浅粉色和桃粉色都是作为淑女风格着装必不可少的颜色。浅粉色娇嫩，桃粉色含苞待放。淑女风格的着装似乎都能诠释出女性的外在美。

◆ 浅色鞋子搭配淑女风格着装更加凸显甜美的气质，深色鞋子搭配淑女风格着装更加凸显气场强大、精明干练。

配色方案

双色配色	三色配色	五色配色

淑女风格设计赏析

简洁的色彩搭配也是韩版风格服装的一大亮点，服装仅用两色衣物就将韩版特色凸显了出来。

■ RGB=169,27,103 CMYK=44,99,39,0
■ RGB=12,12,12 CMYK=88,84,84,74
■ RGB=135,105,94 CMYK=55,62,61,5

设计理念：整体服装设计理念的重点就在于宽松与保暖，加上紧身裤和运动鞋的搭配与上装形成鲜明的对比，取长补短，将优势更加显现出来。

色彩点评：服装整体搭配色彩明度都不是很高。充分利用了深色给人收缩的视觉效果，浅色给人膨胀的视觉效果，衣体的轮廓效果也恰到好处。

① 韩版服装版型通常较为宽松，所以多添几层衣物也不会显得过于臃肿。

② 腿部一定要线条纤细，这是韩版风格服装衣物的精髓。

③ 市面上流通的韩版服饰更多的是与时尚接轨后的改良韩装，融入了现代设计理念，结合了偏瘦小的身型。

简洁的服装配色与帽子配色相映成趣。韩版的西服外套总是能给人们带来意想不到的风格效果，时而庄重，时而休闲。

RGB=236,237,227 CMYK=10,6,13,0
RGB=161,161,160 CMYK=43,34,33,0
RGB=94,94,76 CMYK=69,59,71,16
RGB=125,151,147 CMYK=58,35,42,0

■ RGB=207,202,168 CMYK=24,19,37,0
RGB=235,213,216 CMYK=9,20,11,0
■ RGB=42,66,79 CMYK=87,72,60,26
■ RGB=146,4,28 CMYK=46,100,100,17

＃韩版风格＃服装色彩搭配应用技巧

　　韩装的服装设计通过面料的质感与色彩搭配的对比，来强调视觉冲击，将一切简化，去除了烦琐、杂乱的元素。

　　◆　韩版风格服装不管是在色调上还是在材质上，都不会有太过花哨的选择，人物的发型和包饰也是能简则简。

　　◆　左图服装只采用了两种颜色材质的拼接搭配，却给了我们波西米亚、休闲、沙滩等多种风格感受。

　　◆　右图服装颜色选为三色拼接，绿色加宽线条安置在高腰处，可拉长腿部比例并且丝毫没有烦琐感。

配色方案

双色配色　　　　　　三色配色　　　　　　五色配色

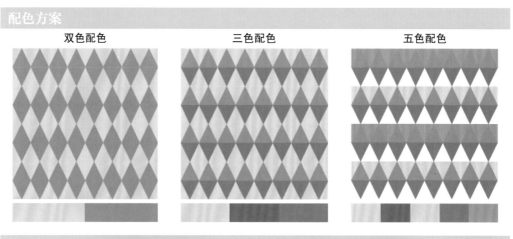

韩版风格设计赏析

服装整体采用大红色作为主调，印有传统样式牡丹花。衣体做了一个胸前交叉和高开衩的改良，摇身一变成为一套极具现代化民族特色的服装。

■ RGB=170,37,28 CMYK=40,97,100,6
■ RGB=165,73,92 CMYK=44,83,55,1
□ RGB=248,241,235 CMYK=4,7,8,0
▨ RGB=205,208,154 CMYK=26,15,46,0

设计理念：整体服装设计极具中国民族传统色彩，旗袍是最为凸显女性曲线美的服饰之一，改良旗袍也是东西方文化交融的产物。故中国旗袍由外国模特穿着也有种难以言喻的和谐感和异域美。

色彩点评：服装整体采用酒红色作为主色调，酒红色优雅华贵，领口和裙摆处搭配香槟色微红的刺绣花朵也是再合适不过。

🌸 服装以绣花、蓝印花、蜡染、扎染为主要工艺，面料一般为棉和麻，款式具有民族特征，或者在细节上带有民族风格。

🌸 目前国内流行的主要款式有经典唐装、旗袍、改良民族服装等。

■ RGB=113,29,47 CMYK=54,97,76,31
■ RGB=194,148,148 CMYK=29,48,35,0
■ RGB=42,27,26 CMYK=76,82,80,63

泰国民族服装设计简洁轻便，侧重点在头部。棉麻质地抹胸上衣与轻便速干的裙裤搭配更加适合泰国湿润炎热的气候。

▨ RGB=207,202,168 CMYK=24,19,37,0
□ RGB=235,213,216 CMYK=9,20,11,0
■ RGB=42,66,79 CMYK=87,72,60,26
■ RGB=146,4,28 CMYK=46,100,100,17

 # 民族风格 # 服装色彩搭配应用技巧

当下流行的民族风服装分为两种：一种是用于正式场合穿着的传统服装；另一种是具有民族色彩或民族元素的改良服装。

◆ 左图为景泰蓝色浮雕花样旗袍裙，将中华民族传统服装配以浆果头饰别有一番异域风情。

◆ 右图为宝石蓝色改良锦缎材质官服图案休闲外搭，将传统民族元素和现代化设计进行了完美的交融。

◆ 在古往今来的服装世界里，民族风格都是独树一帜的。它既代表着是对历史的尊重，又代表着对未来的憧憬。

配色方案

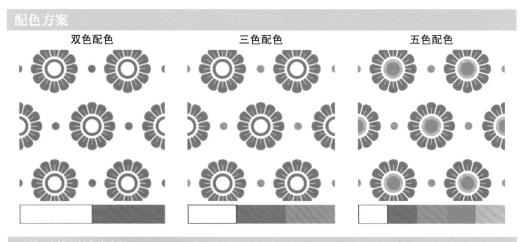

双色配色　　　　三色配色　　　　五色配色

民族风格设计赏析

服装上身采用蓝黄绿三色渲染花朵作为衬衫颜色,搭配下身蓝白竖条纹紧身裤,整体服装图案跳跃,配色抢眼。

- RGB=20,16,92 CMYK=100,100,59,13
- RGB=244,240,229 CMYK=6,6,12,0
- RGB=253,250,166 CMYK=6,0,44,0
- RGB=43,63,172 CMYK=91,81,0,0
- RGB=96,216,186 CMYK=58,0,40,0

设计理念: 通过格子样式营造出英伦风的第一印象,搭配红、黄色相间的盾牌样式短裙和铆钉靴,与其风格形成呼应,使主题的强化无处不在。

色彩点评: 服装整体以红黑为主色调,配色醒目帅气、经典易搭。

❶欧美风格服装以用色大胆、热情奔放著称,整套服装内搭外套均为短款,故凸显腿部线条优美修长。

❷欧美风,随性、简单,不同于以简约优雅著称的英伦风,更偏向于街头类型的纽约范儿。

❸随性的同时,讲究色彩的搭配,应该说欧美风更为广泛,带有少部分日韩气息,非常国际化。

- RGB=12,16,20 CMYK=90,85,80,71
- RGB=203,5,44 CMYK=26,100,87,0
- RGB=167,140,46 CMYK=43,46,93,0
- RGB=37,45,51 CMYK=85,77,69,48

服装整体以藕粉色作为主调,低胸装上衣的设计尤为突出,使整套服装不会过于平淡乏味。同时也凸显出欧美风格创新大胆的特点。

- RGB=223,200,210 CMYK=15,25,11,0
- RGB=175,145,150 CMYK=38,46,34,0

欧美风格的服装搭配特点是实用性强，很少有过多的装饰性配置，材质天然的理念深入人心，同时设计风格多种多样，体现出欧美风格的大胆与创新。

◆ 左图采用的是黑黄粉等几种不同颜色的菱形拼接而成的图案，合理运用撞色方案也是欧美风格服装的一大亮点。

◆ 右图服装跟左图服装有着异曲同工之处，撞色方法在多种材质面料上都能运用，给人以多种多样的风格创意。

◆ 欧美风色彩丰富，区别于简约休闲著称的英伦风，更偏向于街头类型的纽约范儿。

配色方案

| 双色配色 | 三色配色 | 五色配色 |

欧美风格设计赏析

设计理念：服装采用深棕与浅棕色作为整体色调。V领针织衫与毛呢材质蓬蓬长裙以及松糕鞋的搭配，每一处细节都充满了浓厚的学院风，给人以亲切平和的印象。

色彩点评：服装整体配色简洁大方，并且使用了学院风格服装最具有代表性的棕色，点明主题，使人一目了然。

❶学院风服装是以清新校园风格为代表的着装，实际上走着高贵精美的贵族学院派的路线，受过高等教育，拥有传统审美，保持低调，却又追求顶级品质的共同特性。

❷学院风格服装简约率性，同时带有些复古和小叛逆，并不会显得那么朋克或金属感，所以这一风格的演绎只要选择具有英伦代表的装扮即可。

RGB=209,175,149 CMYK=23,35,41,0
RGB=40,33,37 CMYK=80,81,74,58
RGB=26,27,31 CMYK=86,82,75,63
RGB=235,239,243 CMYK=10,5,4,0

学院风服装总是能以简洁的色彩和款式，演绎出乖巧、甜美，而又不失自己独特个性的感觉，风格强烈，自成一派。

RGB=183,189,207 CMYK=33,24,13,0
RGB=243,243,243 CMYK=6,4,4,0
RGB=54,65,120 CMYK=90,84,35,1

服装整体只选用三种具有学院风格代表的颜色，款式设计灵感来源于欧洲中世纪的贵族服装，给人以鲜明强烈的贵族学院感。

RGB=39,45,69 CMYK=90,86,58,34
RGB=247,247,252 CMYK=4,3,0,0
RGB=87,44,63 CMYK=67,88,62,33

学院风格搭配是永恒的经典，无论是在校学生还是职业上班族，对学院风格服饰都偏爱有加，随着学院风的重返舞台，一定会让更多人爱上那份宁静而又年轻的时尚氛围。

◆ 左图与右图的服装配色方案有着异曲同工之处，都是选用代表学院风格的棕色。右图搭配酒红色包饰将学院风格展现得淋漓尽致。

◆ 说到学院风格服饰的服装材质，通常选用的面料都为毛呢、棉麻或者纯棉质地，太过华丽的面料和色彩缤纷的图样款式，都是不适用在学院风格服装上的。

◆ 为使整体色调搭配和谐，所以偏深的棕色是最好的搭配，用酒红、藏蓝、米白色包饰搭配也是不错的方案。

配色方案

双色配色　　　　　　三色配色　　　　　　五色配色

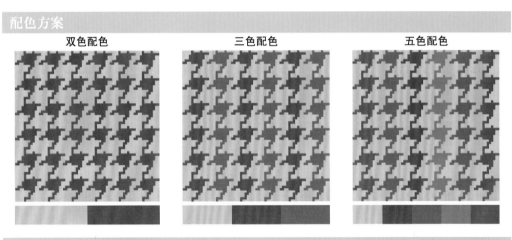

学院风格设计赏析

◉ 4.1.9 OL

服装整体造型一扫职业 OL 风给大众带来的黑白印象，而是选用重叠穿搭的方法让人们对彩色 OL 装有了新的认知。宝石蓝色应用在 OL 装上显得高贵典雅，颇有涵养。

- ■ RGB=21,34,71 CMYK=99,97,55,32
- ■ RGB=26,87,138 CMYK=91,69,30,0
- □ RGB=223,231,244 CMYK=15,8,2,0
- ■ RGB=188,186,180 CMYK=31,25,27,0

设计理念： 服装整体考虑到职场女性着装的正式性，同时也考虑到夏季的气候炎热，所以服装内搭摒弃了保守不透气的衬衫换为薄棉质地。整体搭配清凉舒适，又不妨碍日常正式着装风格。

色彩点评： 服装采用 OL 风格最普遍的黑白色彩搭配，给人职业干练的印象，服装风格独特鲜明。

🔹① 职业 OL 装不适宜选用丰富多样的花式色彩，整体应采用不超过三种颜色的穿搭。

🔹② 菱格纹压线工艺小羊皮包搭配 OL 是最妥帖的搭配，凸显整体造型轻巧精练。

淡蓝色通常给人以简洁干净的印象，将淡蓝色运用到职业 OL 服装上，在更大的程度上缓和了正装带来的压迫和正式感，给人截然不同的视觉冲击效果。

- ■ RGB=19,20,24 CMYK=88,84,78,68
- □ RGB=236,236,236 CMYK=9,7,7,0
- ■ RGB=225,199,150 CMYK=16,25,45,0

- ■ RGB=204,221,234 CMYK=24,9,6,0
- □ RGB=252,254,251 CMYK=1,0,2,0
- ■ RGB=12,13,25 CMYK=93,90,75,68

#OL 风格 # 服装色彩搭配应用技巧

OL 风格是指上班族女性着装风格，OL 时装一般来说多数为套装，适合于办公室穿着。将烦琐和鲜艳的色彩搭配进行删减，保有轻快简洁的风格特点。

◆　OL 风格服装款式种类繁多，有长袖的、短袖的，有领式的和无领式的各种式样变化，是成熟女性喜爱的风格之一。

◆　适合办公室穿着，OL 风格服装除了凸显工作能力本身，也可用作得体又有品位的通勤装，可以给上司和同事更多的信任感，也可以带来更多的人缘和好运。

◆　手包作为职业 OL 装的配饰，也会给整体服装造型增添强大的气场。

配色方案

双色配色　　　　　　　三色配色　　　　　　　五色配色

OL 风格设计赏析

◎4.1.10 中性

服装上身设计理念来源于男性外套宽松的款式和质感，与下身属于女性的纤细曲线形成了鲜明的对比，在两种极端的风格下凸显出自身的独特之美。

■ RGB=188,183,184 CMYK=31,27,24,0
■ RGB=36,34,37 CMYK=83,80,74,58
■ RGB=73,64,604 CMYK=72,71,71,35

设计理念： 人们寻求一种没有女性的娇弱却不过于阳刚的风格气息，于是出现了中性穿搭装扮。回归自然本质是整体服装设计的主要理念。

色彩点评： 服装整体采用具有男性气息的牛仔蓝和深蓝色作为主要色彩搭配。整体造型设计略带男子的阳刚之气又不乏女性的纯真率性。

① 服装整体设计采用两种不同材质面料的衣物交替穿搭，具有较强的层次感。

② 中性风格服装类似于男性服装，但并不等同于男性服装。将男性服装的特点提炼出来，融入女装设计当中，就形成了这自成一派的中性风格服装。

■ RGB=6,18,34 CMYK=97,92,71,62
■ RGB=27,60,94 CMYK=95,82,49,16
RGB=243,243,243 CMYK=6,4,4,0

服装整体造型强调男性服装元素，将尺码故意放大化，服装整体颜色偏深，符合中性风格服装的诸多特点。

■ RGB=107,140,172 CMYK=64,41,24,0
■ RGB=141,179,204 CMYK=50,23,16,0
■ RGB=14,28,41 CMYK=94,86,69,57

中性风格 # 服装色彩搭配应用技巧

中性风格服装并不只是简单地穿上男装，而是在颠覆传统风格理念的同时，在男性服饰中加入阴柔的风格元素，展现出硬朗帅气的着装感受的同时，又能保留温柔似水的一面。

◆ 连体衣裤搭配貂绒大衣的运用，具有强烈的中性味道；就连整身黑色，也充满了春夏盛放的生命。

◆ 中性硬朗气息，可以先从材质上入手，今年最 In 的 PVC 面料、金属材质都被作为未来感的代言人融入了设计中。

配色方案

双色配色	三色配色	五色配色

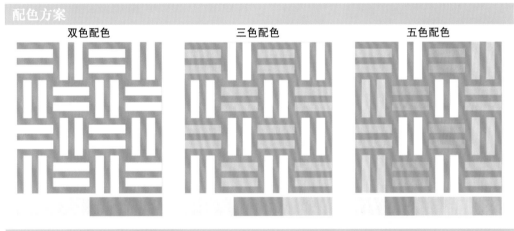

中性风格设计赏析

◉ 4.1.11 田园

设计理念：服装整体以大面积覆盖的花朵作为主要图案，浅粉、浅蓝、浅黄三种柔和的颜色产生柔和的渲染交替视觉效果，给人以置身于花间的轻盈和香气袭人的感觉。

色彩点评：田园风格不适宜用太过重彩的颜色，本套服装完全遵从这一特点，整体颜色从配色到过渡都显得十分柔和，丝毫没有侵略感。

🌷草黄色手包搭配整套服装，点缀得更加娇嫩欲滴，若搭配米白色手包则显得更加清新淡雅。

🌷田园风格服装适用于日常生活，也可以在工作环境中穿着，是一种舒适百搭的着装风格。

RGB=240,241,230 CMYK=8,5,12,0

RGB=230,184,186 CMYK=12,35,20,0

RGB=214,222,220 CMYK=20,10,14,0

RGB=229,225,157 CMYK=16,10,46,0

服装整体造型选用了极具田园风格气息的碎花样式以及厚雪纺材质。绵软的柔纱色与香甜的奶白色交织出了一场粉色的童话。

RGB=221,210,179 CMYK=17,18,32,0

RGB=206,143,127 CMYK=24,52,46,0

RGB=112,25,6 CMYK=52,97,100,36

RGB=105,125,132 CMYK=67,48,44,0

RGB=153,132,56 CMYK=49,49,90,1

服装整体款式定义为抹胸长裙，裙面印有四种颜色的花朵，色彩虽多却互不抢镜，搭配合理，并且给人以浓郁的田园风感受。

RGB=235,234,234 CMYK=9,8,7,0

RGB=128,147,156 CMYK=56,38,34,0

RGB=185,148,186 CMYK=34,48,11,0

RGB=229,158,79 CMYK=13,46,72,0

RGB=172,150,97 CMYK=41,42,67,0

田园风格 # 服装色彩搭配应用技巧

田园风格是追求一种保有童贞、自然的着装风格。田园风格的设计特点是崇尚自然舒适、淘汰烦琐正式的装饰，散发着闲适天然的慵懒美。

◆ 服装内衬裙为白色喷墨点雪纺材质长裙，外套为斜纹款式灰白色相间外套，搭配浅棕色手包和橘棕色短靴，时尚气息中又透露出些许的田园风。

◆ 田园风格的裙子花式不会是单一的纯色，碎花、印花、墨点，都是不错的选择。

◆ 卡其黄色的外套搭配深湖蓝色的卫衣和米白色的紧腿裤，再陪衬以藏蓝色帆布鞋和编制草帽的点缀，整体造型显得田园气息十足。

◆ 纯棉质地、小方格、均匀条纹、碎花图案、棉质花边等都是田园风格中最常见的元素。

配色方案

双色配色	三色配色	五色配色

田园风格设计赏析

朋克风格服装的色彩设计具有大胆、简洁、破旧、复古、街头等服装风格特点。

■ RGB=4,5,7 CMYK=92,87,86,77
■ RGB=32,39,49 CMYK=87,81,68,50
■ RGB=246,234,243 CMYK=4,12,1,0
■ RGB=72,77,93 CMYK=79,71,54,15

设计理念：朋克风格服装整体图样款式和色彩搭配简洁粗暴，具有个性鲜明的特性，如同节奏感十足的摇滚乐。

色彩点评：黑白斑纹让人联想到热带草原上疾驰的斑马，而黄色既打破了这一切，又做了一个很好的融合。整体服装配色给人跳跃活泼的感觉。

🌀朋克风格服装的特点是不随波逐流，富有搭配创造力，表现出了叛逆丰富的情感，诠释着他们对社会情感的理解。

🌀朋克服饰多采用皮革材质，着装风格倾向于男性。常佩戴金属类饰品，衣着款式个性十足。

■ RGB=26,27,23 CMYK=84,78,83,66
　 RGB=250,251,244 CMYK=3,1,6,0
■ RGB=231,186,58 CMYK=15,31,82,0

朋克风格服装直观赤裸地表达他们的性格特点。这正是朋克风格的迷人所在。

■ RGB=20,20,21 CMYK=86,82,81,69
■ RGB=185,164,156 CMYK=33,37,35,0

 # 朋克风格 # 服装色彩搭配应用技巧

　　朋克风格充斥于日常生活中的细枝末节。朋克也是一种自我矛盾的风格元素。渴望自由和独立，却又期待宽慰和聆听。于是形成了这种一枝独秀的奇特穿搭风格。

　　◆　黑色搭配已经成为朋克风格的代表颜色，无论在任何年龄段黑色都十分百搭，左图半透明纱质连衣裙添加了朋克风元素，显得帅气十足。

　　◆　右图服装整体采用了重叠穿搭的方法，将朋克风和黑白混搭进行了完整美妙的融合，给人以耳目一新的视觉感受。

　　◆　朋克风格服装代表着叛逆与摇滚乐风格的朋克态度，容易让人想起青葱的叛逆时光。

配色方案

双色配色	三色配色	五色配色

朋克风格设计赏析

服装整体以改良版现代风格洛丽塔裙的形象出现在大众的视野，蓬松的裙体依然保留却改短了长度。整体服装的颜色遵从传统洛丽塔的平实色调，颇有复古感。

■ RGB=205,157,152 CMYK=24,44,34,0
□ RGB=220,210,200 CMYK=17,18,20,0
■ RGB=220,210,200 CMYK=17,18,20,0

设计理念：服装整体有着浓厚的文化底蕴，充满西方传统的民族气息，与旧时宫廷着装相似。给人优雅大方的感觉，以粉嫩色调为主，配有丰富的花朵图样装饰。

色彩点评：服装整体选用大面积粉色作为底色，将黑白粉三色的花朵印满裙身，经典百搭的波点元素也应用其中，为整体增添了一些复古的感觉。

🌸荷叶褶是最大的特色，在袖带、暗花纹的衬托下，有一种复古摩登的精致感觉。使用精致的质料，手工精细，十分注重整体线条和修腰的效果。

🌸连身裙主要以下散式伞裙为主，半截裙则多是高腰的款式。

🌸自然纯净的妆容，柔和细腻的脸庞，凸显出公主的高贵和骄傲。

■ RGB=213,165,180 CMYK=20,42,19,0
■ RGB=28,12,17 CMYK=82,88,81,71
□ RGB=244,232,238 CMYK=5,12,3,0
■ RGB=175,128,148 CMYK=39,56,30,0

服装整体采用非常具有古典气息的色调与网格图案来诠释这套洛丽塔风格服装，裙摆设计别出心裁，在尊重传统的同时增添一分童话般的梦幻。

■ RGB=187,156,135 CMYK=32,42,45,0
■ RGB=77,57,50 CMYK=68,74,76,40
□ RGB=215,213,195 CMYK=619,15,25,0
■ RGB=94,108,116 CMYK=71,56,50,2

洛丽塔风格 # 服装色彩搭配应用技巧

　　Lolita，中文翻译为洛丽塔，源于同名小说改编而成的电影，其中可爱温婉的着装风格大受年轻女孩子的欢迎，成为当代一种生生不息的经典搭配风格。

　　◆ 缔造可爱洋娃娃感觉的洛丽塔风格，层次叠加的设计必不可少，但一定要搭配简洁款式来增加对比感。

　　◆ 在色彩上应选择比较单纯的色调，以突出服装款式的华美感。

　　◆ 以沉稳为主色调的优雅哥特式洛丽塔风格搭配跳跃的绚丽色彩的简约风格能够带来细腻浪漫的女性气质，可以打造出独有的神秘感。

配色方案

双色配色　　　　　　　　三色配色　　　　　　　　五色配色

洛丽塔风格设计赏析

白色有多种诠释方式，这套半透视纱质白短裙甜美中略透性感，搭配铆钉马丁靴却又显得帅气十足，具有风格多变性。

■ RGB=215,224,229 CMYK=19,9,9,0
■ RGB=22,28,31 CMYK=88,81,76,63
■ RGB=133,130,115 CMYK=56,48,55,0

设计理念：时下衣着装扮日趋多元化，摆脱繁重的款式色彩搭配，简约风格装扮依然引领着潮流风尚。简约而不简单，这正是简约风格服装带给我们的魅力。

色彩点评：服装整体设计只选用了白色，却没有让人觉得空洞乏味，反而给人以洗尽铅华的深邃感。白色不光是纯洁的代名词，简约风格还赋予了它新的意义。

① 服饰剪裁简单明了，流畅的线条凸显了简约风格的大气与时尚。

② 纯白色的服饰，无须更多的色彩点缀，整体和谐统一，没有一丝杂乱。

RGB=252,249,242 CMYK=2,3,6,0

服装整体采用大面积黑色，却在领口和腰身处别出心裁。这件黑色紧身晚礼裙被简约风格设计，诠释出它独特的美。

■ RGB=2,2,2 CMYK=892,87,88,79

简约风格服装不需要任何繁重的装饰，其善于做减法，需抛去不必要的装饰累赘。通过精致的面料手感和版型设计，就能充分表达整体服装的设计理念。

◆ 人的体形就是最好的廓型，单一颜色的服装并不单调，不需要花哨的服饰就可以吸引人们的眼球。

◆ 宽厚的金属质地腰带，用流行的复古来平衡黑色的低调，充满了混搭的对比感，可以搭配金属质地耳环、戒指，用浓郁饱和的质感渲染整体造型，在款式上带来复古简约的奢华回归感。

配色方案

双色配色　　　　　　　三色配色　　　　　　　五色配色

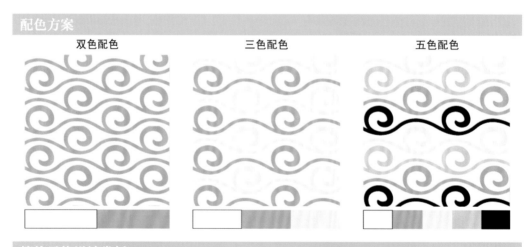

简约风格设计赏析

写给国设计师的书

服装配色设计手册

（第2版）

服装整体搭配简洁，细节处凸显职业干练，大红的围巾更是整体服装的一抹亮色，体现出现代女性特有的自信风姿。

■ RGB=25,24,36 CMYK=88,87,71,60
■ RGB=165,19,29 CMYK=42,100,100,8
□ RGB=150,225,255 CMYK=43,0,3,0
■ RGB=48,60,93 CMYK=89,82,49,16
■ RGB=65,53,56 CMYK=74,76,69,41

设计理念：以红色分体西服套装作为整体风格，搭配橘色手拎包和交叉高跟凉鞋，以职业摩登的现代女性形象展现在大众的面前。

色彩点评：服装整体以红色为主，用色大胆，具有较强的视觉冲击力，与简洁的服装款式形成鲜明对比。服装细节与主体互相呼应，烘托主体。

① 服装款式为改良款西装，在时尚潮流中隐含着精明历练的职业气息。

② 服装用色大胆、色彩鲜艳，出席派对或重要场合都能赚得不少瞩目的眼光。

■ RGB=221,71,56 CMYK=16,85,78,0
■ RGB=197,92,53 CMYK=29,76,84,0
□ RGB=238,231,234 CMYK=8,11,6,0

服装整体风格配色协调统一，搭配和谐，无论作为工作着装还是日常服饰都恰到好处。棕色皮包与服装细节呼应产生强烈共鸣。

■ RGB=125,124,136 CMYK=59,51,40,0
■ RGB=243,191,143 CMYK=6,33,45,0
□ RGB=249,250,245 CMYK=3,2,5,0
□ RGB=2,2,2 CMYK=10,6,22,0

通勤风格是指在办公室里和社交场合比较适宜的穿着搭配，款式色彩简洁，服装材质手感上乘，也可用于下班时间穿着，虽不等同于居家服装，但也是不错的穿搭选择。

◆ 挑选通勤风格服装，简洁的款式搭配是关键，避免过于繁多复杂的材质色彩搭配，黑白色是最为广泛的搭配选择。

◆ 如不想穿衣打扮过于出挑抢眼，可以运用黑、白、灰和高明度色彩相对应搭配，也是通勤风格服装配色方案的不错选择。

配色方案

| 双色配色 | 三色配色 | 五色配色 |

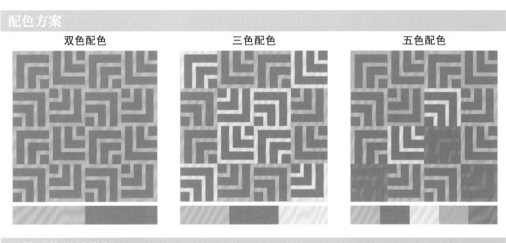

通勤风格设计赏析

写给设计师的书

服装配色设计手册

（第2版）

(4.2) 服装类型

服装是穿在人体皮肤表面起保护和装饰美观作用的制品。服装穿着效果取决于穿着环境、服装风格与穿着对象等因素。

针织服装面料按生产方式分为经编和纬编两大类。不同服装风格的面料也有所不同，不同质感的面料手感也可以营造出不同的服装风格。

服装表面可以进行多种风格的花形配置，如印花、刺绣、贴花、珠嵌、浮雕等，可用来修饰整体服装风格的细节。

内衣和外衣分工明确。内衣紧贴人体皮肤，能够起到保护和塑形的作用；外衣则风格迥异，材质色彩多种多样。服装又可以分为日常、工装、运动装、工作装等。

◉ 4.2.1 女装

设计理念：服装整体设计充分展现出了女性的柔情美和奢华美。宝石蓝色丝缎面料如同肌肤般顺滑，低胸和短裙设计也显露出女性独特的曲线美。服装整体色彩面料搭配女人味十足。

色彩点评：宝蓝色丝缎材质不仅可以凸显女性富丽堂皇的美，还很衬肤色，更显白皙。金色镂空高跟鞋更是为女性专属的华美气质锦上添花。

- ❶ 服装在记录历史变革的同时，也映衬着一种民族的精神，传承着当地的历史文化风俗，女装更是其中不可缺少的一部分。

- ❷ 女装款式新颖而富有时代感，交替性强，每隔一定时期会流行一种款式。

- ❸ 采用的面料、辅料和工艺，对织物的结构、质地、色彩、花型等要求也较高，同时讲究装饰配套。在款式、造型、色彩、纹样、缀饰等方面不断变化创新、标新立异。

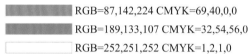

RGB=87,142,224 CMYK=69,40,0,0
RGB=189,133,107 CMYK=32,54,56,0
RGB=252,251,252 CMYK=1,2,1,0

服装整体色调搭配柔和，充分展示出女性的柔婉气质。对称图形短裙将整体侧重点放在纤细的腿部线条上，显得十分娇柔甜美。

RGB=227,203,173 CMYK=14,23,33,0
RGB=143,141,160 CMYK=51,44,28,0
RGB=239,240,236 CMYK=8,5,8,0
RGB=26,18,28 CMYK=86,88,74,66

服装整体只选用了一种颜色，却在细节之处别出心裁，女性优雅曼妙的S形曲线、颇具少女心的灯笼袖，将不同的两种女性美进行了完美的交融。

RGB=243,242,240 CMYK=6,5,6,0
RGB=92,70,55 CMYK=64,70,78,31

女装品牌与款式的多元化推动了服装市场的需求和时装的发展。女装的多种多样为女人倍添风采，女装也为日常生活增添了亮点。

◆ 左图服装和右图服装的相同点就在于，两款裙子的款式都定义为紧身，因为紧身款式能更加完善地诠释女性美好的身体线条。

◆ 没有合理包饰配饰就不能算作一套完整的服装造型，配饰也是女装造型的一大法宝，服装配饰应选择与当日服装搭配的颜色，黑白色也是包饰的百搭选择。

◆ 高跟鞋是最能凸显女性气质的单品，不同款式与不同风格的女装搭配风格迥异的高跟鞋，能够为女性气质加分不少。

配色方案

双色配色	三色配色	五色配色

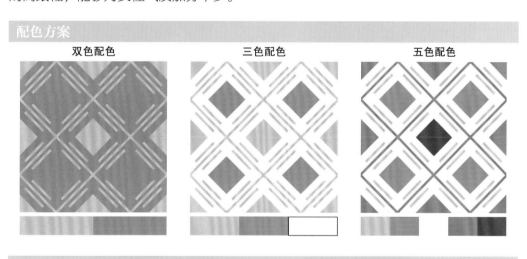

女装设计赏析

◎4.2.2 男装

设计理念：西装是最为凸显男性沉稳底蕴的服装。服装以藏蓝色西服为整体色彩基调，深蓝色衬衫陪衬，拼色手拎包与黑色短靴都起到了很好的点缀作用，将男性的绅士风度进行了完整的诠释。

色彩点评：服装整体以深色调作为主体，深颜色的男装更具有深沉内敛的成熟气质。服装整体的色彩搭配颜色相近，却互不冲突，给人以舒适的融合感，层次强烈。

1️⃣西装整体剪裁得体，再加上硬朗商务的款式轮廓，让男性显得更加自信从容。

2️⃣衬衫可以是白色、蓝色，给人以正式、商务的印象。领带和手提包也是商务西服中必不可少的配饰。

RGB=69,86,116 CMYK=81,69,44,4
RGB=102,134,180 CMYK=66,45,17,0
RGB=6,9,15 CMYK=92,87,81,74
RGB=12,8,7 CMYK=100,91,62,43

服装整体搭配给人以坚毅阳刚的感觉，颇具韩范，皮质外套和多层内搭形成了丰富细腻的层次。

服装将条纹服装和貂毛领皮质夹克组合到一起，给人以英气与奢华共存的感受，将两种完全独立的元素进行了完美融合。

■ RGB=32,35,47 CMYK=88,84,68,52
☐ RGB=253,253,253 CMYK=1,1,1,0
■ RGB=1,1,1 CMYK=93,88,89,80

■ RGB=198,198,191 CMYK=26,26,20,0
■ RGB=160,65,61 CMYK=87,85,75,65
☐ RGB=241,238,245 CMYK=7,8,2,0
■ RGB=139,51,20 CMYK=48,89,100,19
■ RGB=57,49,61 CMYK=79,80,64,39

男装是指男性穿着于皮肤表面起保护和装饰作用的服装制品，包括上装和下装，可以根据个人喜好和天气差异进行多种风格材质的款式搭配。

◆ 以独特的品位搭配颜色和材质面料，西裤搭配运动型中长款西服，哈伦裤搭配趣味衬衫拼接卫衣，诸如此类都是可以接受的工作服饰。

◆ 创意十足的上班服经常被视为现代年轻化的衣着品位，良好的衣品会为成功打下基础。

◆ 注重实效的上班服往往不会过于呆板，闲适的版型与面料，使服装整体的效果更加舒心。

配色方案

双色配色　　　　　　　三色配色　　　　　　　五色配色

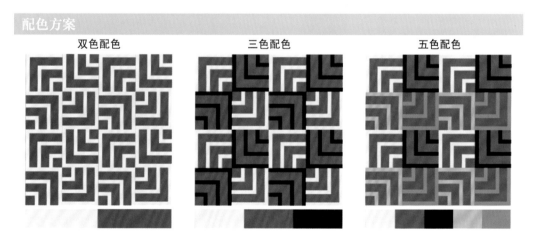

男装设计赏析

皮可爱、欢乐童贞的印象。

色彩点评：衬衫与披风进行了强烈的明暗对比，整体造型显得更加生动、活泼、可爱。

⚙️童装的色彩搭配随着年龄的增长出现不同的风格变化和材质要求。

⚙️儿童装款式是否受欢迎，取决于色彩搭配的合理性。

RGB=201,87,86 CMYK=26,78,60,0
RGB=214,183,159 CMYK=20,32,37,0
RGB=22,17,23 CMYK=86,86,77,69
RGB=243,227,216 CMYK=6,14,15,0

设计理念：服装整体以西瓜红色衬衫裙为底色，用花式披风做点缀，给人以俏

　　婴儿睡眠的时间长，眼睛适应光线能力弱，服装的色彩不宜太过刺激杂乱，采用明度、饱和度适中或较深的色调，会比较耐脏。

■ RGB=77,72,72 CMYK=73,69,66,26
□ RGB=247,238,227 CMYK=4,8,12,0
■ RGB=144,118,104 CMYK=52,56,58,1

　　儿童皮肤娇嫩，对服装面料材质要求较高，多采用无公害材质面料为主。服装整体色调搭配和谐，图案样式鲜艳亮眼。

■ RGB=111,53,31 CMYK=54,83,97,33
■ RGB=0,0,0 CMYK=93,88,89,80
■ RGB=163,103,103 CMYK=44,67,54,1
RGB=249,236,226 CMYK=3,10,12,0

　　童装，是指适合儿童穿着的服装。按照不同年龄段区分有不同的服装风格和材质搭配，服装风格要尽可能凸显孩子天真纯洁的特性。

　　◆　左图上身为印满图案的短袖衬衫，下身就不宜搭配花式服装，纯色衣物倒是不错的选择。

　　◆　卫衣以简单百搭且柔和保暖的特性深受广大受众喜爱，可以与多种材质的裤装搭配。颜色丰富版型风格多变，是作为童装搭配的不错选择。

配色方案

双色配色	三色配色	五色配色

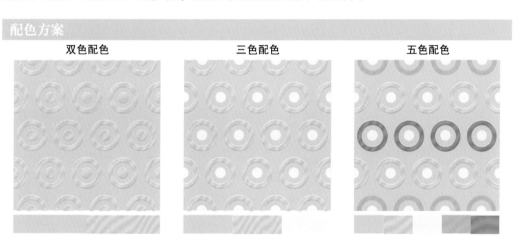

童装设计赏析

◎4.2.4　婚纱

设计理念：整套婚纱一扫厚重正式的印象，推陈出新这套极具现代感的婚纱，塑造出一个美丽端庄又颇具性感的新娘。

色彩点评：服装整体采用白色作为主色调，柔软的体感蕾丝材质包裹全身，深V领与高开衩设计别出心裁，服装整体剪裁精细，凸显出女性的性感。

🔵婚纱的颜色多数以白色、米色、香槟色为主，现代婚纱保有传统的风格轮廓并做出了属于自己的创新个性风格。

🔵婚纱选用具有垂感的材质与上乘的面料，塑造出了整体线条分明的立体造型。

RGB=236,233,236 CMYK=9,9,6,0

RGB=140,120,107 CMYK=53,55,57,1

这套婚纱礼服更加注重对细节的处理，服装选用香槟色欧根纱材质，硬挺的纱质剪裁能够更加立体地诠释出鱼尾裙摆的效果。

RGB=239,225,216 CMYK=8,14,15,0

这套婚纱礼服在鱼尾款式婚纱的基础上做了改良，使用较轻质地的薄纱堆积成放射感裙摆，搭配上白色，使整体设计更添仙气。

RGB=210,202,199 CMYK=21,20,19,0

婚纱源自西方，与中式传统裙褂风格迥异。婚纱是结婚仪式新娘穿着的西式传统婚礼服饰，婚纱可单指身上穿的服饰配件，也可以包括头纱、捧花的部分。

◆ 服装设计理念更加侧重细节设计，镂空、刺绣、花朵等细节元素被大面积运用，更加增添了华美之感。

◆ 没有加入过多钻饰珠宝装饰，只是简单地用蕾丝布料将婚纱腰线的质感勾勒出来，穿着于身温婉可人，令人怦然心动。

◆ 与传统的带有长拖尾的复古婚纱不同，现代婚纱裙摆变短了不少，婚纱的长度均在脚踝以上，让复古的婚纱款式因此而增添了些许现代感。

配色方案

| 双色配色 | 三色配色 | 五色配色 |

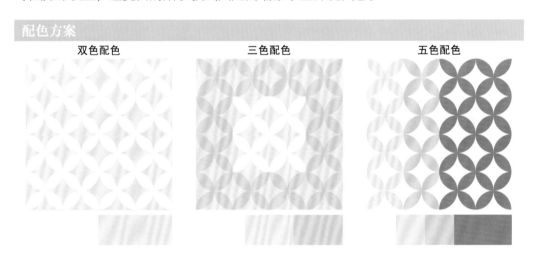

婚纱设计赏析

◎ 4.2.5 礼服

设计理念：服装整体设计理念来源于夜空下的沙漠，既有夜空的静谧感，又有沙漠的凄冷美，将两种元素碰撞结合形成另外一种奇妙的美，别具一格。

色彩点评：黑色与黄沙色借助纱质材料进行了完美的过渡交合。颜色和谐舒适，互不干扰，给人以高贵冷艳的视觉感受。

❶黑色给人以神秘、高贵的感觉，也更凸显出女人性感本色。在黑色基础上巧用心机，便能制造出迥然不同的视觉效果。

❷长至膝部的礼服裙，更能体现稳重与大气之感，别具韵味。

❸完美的发型搭配会让服装整体更加光彩夺目，所以发饰搭配也是至关重要的一步。

RGB=36,34,35 CMYK=82,79,76,59
RGB=166,150,137 CMYK=42,41,44,0

服装整体使用大面积黑色，内衬搭配白色衬衫，配有黑色领结，搭配深色系袜子和黑皮鞋，整体造型传统正式，稳重大气。

■ RGB=39,39,37 CMYK=81,76,77,56
□ RGB=235,232,224 CMYK=10,9,13,0
■ RGB=146,174,185 CMYK=49,26,24,0

要想装扮得亮眼出挑，最好将服装的主题色与流行色结合起来。服装整体配色充满阿拉伯风情，与现代元素的结合，形成了这套高贵典雅又充满异域风情的礼服。

■ RGB=128,112,113 CMYK=58,58,51,1
■ RGB=98,136,161 CMYK=67,42,30,0
■ RGB=208,172,142 CMYK=23,37,44,0
■ RGB=147,147,135 CMYK=49,40,46,0

现代风格礼服受到多元文化的熏陶、艺术风格鉴赏与当代潮流的思想交汇，不过分拘泥于传统正式的限制，同时注重款式的简洁靓丽与多变风格，极具时代特征与生活气息。

◆ 女士礼服注重时尚与舒适，质感上乘的材质，不仅可以为受众提供舒适的穿着感受，而且也可以凸显其优雅的气质。

◆ 考虑到服装的保养便利与穿着舒适性，运用轻巧的材质面料作为服装主要材料，舍去不合时宜的装饰，结合风格独特的立体剪裁完善服装风格，使服装整体具有飘逸华美的视觉感受。

配色方案

双色配色	三色配色	五色配色

礼服设计赏析

◎4.2.6　泳装

设计理念：服装整体设计灵感来源于绅士燕尾小礼服。服装把印有礼服图案的元素充分运用在泳装上，标新立异，一改人们对传统泳装或过于开放或过于保守的印象，为整体造型更多增添了女子的率性。

色彩点评：服装整体搭配无论款式还是颜色，都是按照传统礼服进行改良，所以色彩搭配简洁和谐，并带有俏皮感。

①泳装采用不缩水、不鼓胀的材质布料制成。

②筒式泳装显得较为别致，它的衣身呈一体状。这种泳装能够降低胸部和臀部的透明度，高裁的底边能凸显出腿的修长。

RGB=250,250,251 CMYK=2,2,1,0
RGB=10,41,50 CMYK=94,79,69,50
RGB=133,76,66 CMYK=52,76,73,15
RGB=254,16,16 CMYK=0,95,91,0

服装整体设计类似于一道将要开启的大门的图案，十分引人注目。与印满花朵或色彩鲜艳的泳装相比，这套泳装更具有创新意义，吸引眼球。

RGB=24,143,214 CMYK=78,36,2,0
RGB=36,43,63 CMYK=90,85,61,40
RGB=227,235,244 CMYK=13,6,3,0

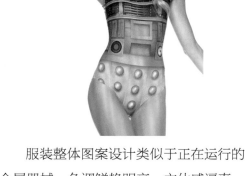

服装整体图案设计类似于正在运行的金属器械，色调鲜艳明亮，立体感逼真。穿着舒适，并且充满未来科技感。

RGB=30,34,49 CMYK=89,86,66,51
RGB=252,200,77 CMYK=5,28,74,0
RGB=201,211,221 CMYK=25,14,11,0

泳装是指在水下活动或展现身材的一种服装。泳装紧贴身体，遮裹着身体的敏感部位。现代泳装经过时代的变迁进行了充分的创新和改良，形成了多种多样的现代风格。

◆ 泳装为外出运动着装，所以与日常着装还是有所区别的，泳装的颜色可以更鲜艳明丽一些，也可采用立体图案，会带来意想不到的视觉效果。

◆ 泳衣材质版型紧绷，具有充分的弹性，好的泳衣回弹性良好，多次拉抻也能轻松恢复原状。

配色方案

双色配色	三色配色	五色配色

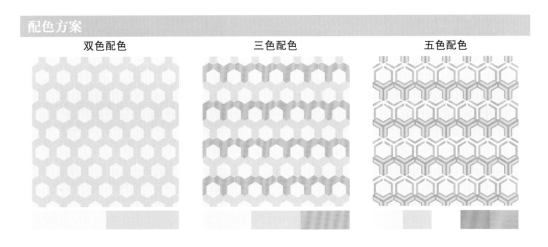

泳装设计赏析

◎4.2.7　内衣

设计理念：成熟的女人如同红酒，发酵越多越香醇。设计师充分抓住了女性性感符号的要点。款式虽然简洁普通，却充满了成熟女性的独特韵味。

色彩点评：酒红色是最能凸显女性魅力的颜色之一，将水溶蕾丝与浓郁饱满的颜色相互交融，撞击出非同凡响的性感火花。

🔵内衣多以蕾丝作为装饰，蕾丝不仅外观优美，并且质地轻软，适合贴身穿着。

🔵内衣款式简单传统，穿着舒适，任何颜色都能驾驭搭配。

■ RGB=150,7,26 CMYK=45,100,100,15

选用粉白色来诠释其整体色调，以宫廷风塑身衣作为灵感，毛绒的细节修饰展现女性魅力的同时又凸显出可爱俏皮的气质。

RGB=242,235,225 CMYK=7,9,12,0
RGB=225,90,149 CMYK=15,77,14,0
RGB=231,194,211 CMYK=11,31,8,0

服装借用豹纹为主要元素，亮点在于束腰设计，展现女性纤细的腰肢曲线，拉长身体比例。丝袜的合理运用使整体散发出浓厚的性感气息。

RGB=27,23,36 CMYK=88,88,70,60
RGB=77,65,65 CMYK=72,72,67,32
RGB=240,235,233 CMYK=7,8,8,0
RGB=187,6,52 CMYK=34,100,82,1
RGB=239,174,118 CMYK=8,40,55,0

内衣是最为贴身的穿着单品，女性都离不开内衣。内衣对于现代女性而言，不仅有塑形遮挡的功能，还有对生活品位的要求和情感释放的象征。

◆ 紫色系内衣与女性气质十分相称，性感温婉的视觉感受刺激荷尔蒙的分泌，将女性的知性、神秘、性感展现得淋漓尽致。

◆ 根据不同的年龄层次、不同的身体状况，要变换不同的内衣穿着。内衣跟女性的健康也息息相关。

配色方案

双色配色　　　　　　　　三色配色　　　　　　　　五色配色

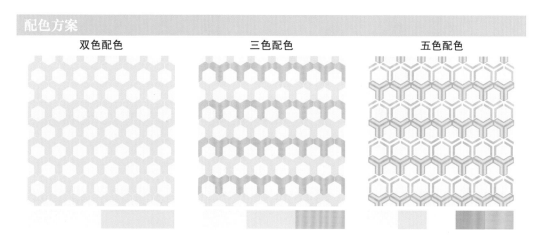

内衣设计赏析

4.3 设计实战——春夏不同场合的少女服装搭配

大学时光	分 析
设计师清单：	● 本服装搭配方案适合于学生在日常学习生活中穿着，受众人群年龄范围倾向于十几至二十岁的年轻女性。选用清爽的蓝色与浅灰色进行色彩调和，整体服装配色饱和度较低，给人以舒适柔和的视觉感受。服装配色风格充分符合大学日常生活特性，显得低调纯朴。 ● 宽松的版型设计使穿着者更为放松。休闲风格中又透露出丝丝学院气息，正是当代大学生独有的穿衣风格，极具艺术感染力。 ● 从电子产品等细节中，即可看出穿着受众人群倾向于年轻化，抛去古时的长袍褂袖，现代大学生的穿着方式变得更为简约轻松。

甜蜜约会	分 析
设计师清单：	● 本服装搭配方案适合约会或日常生活穿着。案例选用色彩对比度极为强烈的米白色与深灰色。一撇粉色带给人的稚嫩感，黑色V领搭配蝴蝶结的毛呢质感背心裙，以简洁清新的洛丽塔风格营造出了一种全新的日系甜美少女画风。 ● 服装整体造型搭配清新可人，颇有邻家小妹的感觉，无论是作为约会着装还是日常出行，都能给人一种"天然去雕饰"的平实美感。 ● 服装材质选用针织面料和薄毛呢，尤为适宜早秋时节穿着。亮面漆皮皮鞋与嫩粉色包饰更为干燥乏味的秋天画上了鲜活靓丽的一笔。

朋友聚会	分　析

设计师清单：

- 这是一套以朋友聚会为主题的搭配方案。选用经典的黑白灰三色搭配，上装的荷叶边设计独具匠心，使服装整体蕴含更丰富的层次感。整体设计俏皮可爱却又不失稳重大方的气质。
- 裸色高跟鞋是整体搭配的亮点，与服装主体形成鲜明的对比，更强调腿部线条的细化修饰，服装整体造型凸显了高挑优雅的外在气质。
- 针织面料与薄呢面料是初春季节着装搭配面料的黄金搭档。针织柔软宽松，薄呢挺括有型，两种不同质感的材料搭配在一起，使服装整体造型内涵更为丰富具体。

街拍达人	分　析

设计师清单：

- 本服装搭配方案适合于初春时节，户外逛街娱乐时穿着。选用藏蓝色翻领羊毛绒大衣搭配彼得潘领白色衬衫和浅蓝色磨砂牛仔裤。整体服装设计配色中庸古朴，却是时尚潮流中永不褪色的经典。
- 薄呢绒材质的特点是密实硬挺，雪纺材质细腻柔软，牛仔面料轻松随性。三种元素进行了完美的融合，使服装整体造型极具层次感与轮廓之美。
- 通过马丁长靴与格子羊绒围巾等细节处的衬托，使得服装整体造型英伦味十足，经典潮流的色彩搭配是每个街拍达人必须掌握的服装造型搭配法则。

休闲居家	分　析

设计师清单：

- 本服装搭配方案适合居家或运动等场景。案例上身选用纯棉材质嫩粉色连帽卫衣，下身选用牛仔面料彩色喷墨点款式牛仔裤，搭配白色篮球鞋，整体造型清爽随性，适合于室内穿着，能够体现出少女的朝气蓬勃。
- 服装整体造型属于休闲风格，纯棉面料卫衣手感柔软舒适透气，宽松的版型款式更加给人以放松舒适的感觉。牛仔裤与卫衣的结合更是经久不衰的黄金组合。
- 居家风格更加强调休闲舒适的穿着感受，无须烦琐的配饰与色块拼接，以最简洁明了的款式设计和最为朴素随性的色彩搭配，成就了贴近生活的自然美。

初入职场	分　析

设计师清单：

- 这是一套适合于面临毕业、刚步入社会的职场新人穿着的服装搭配方案。服装整体选用黑、白、棕三色组建整体搭配色彩，充分展现出穿着者精明干练的气质。
- 服装整体造型更倾向于 OL 风格，贴身利落的裙体剪裁与垂感笔挺的西装外套，更加充分体现并提升穿着者的精神面貌。
- 大到手包小到口红，掌握并合理运用配色法则与饰品搭配，是初入职场女性的必修课，更加能够展现出自信优雅的外在形象。

第 5 章　服饰的材料和图案

　　服装由服装色彩、服装款式、面料材质三个方面结合而成。服装材料是进行整体服装设计的基础，又可分为主要材质和辅料材质。将服饰材料与图案结合进行充分的创意设计，能够完善整体服装细节元素以增强质感。

　◆　日常生活中人们要出入各种场所。比如，出入工作场所，最好穿着面料硬挺花样简洁的服装，显得整体干练笔挺；出入社交场所时，可以大胆使用适宜场合的服装面料与花纹样式。

　◆　图案也是服装的重要组成元素之一，搭配合理的服装图案成为人们对美的一种追求，将服装图案元素融入服装材质，成为服装风格重要的组成部分。

5.1 服饰材料与色彩搭配

服装材料与色彩搭配有着密切的关系。决定服装整体造型的魅力就得益于用料的选择与合理的色彩搭配，同样的色彩应用在不同材质的面料上，所呈现的光泽也会有所不同。

一件服装的设计是否成功的关键在于要考虑到受众人群的性格特征、喜好习惯、身材特点等。了解受众人群的需求，让色彩变得有张力，才能在服装设计中焕发光彩。

服装穿着于人体表面，具有塑形、保暖、修饰的作用。灵活运用服装材质和色彩搭配，符合穿着者所处的环境、喜好因素，会更加完善服装的整体细节。

色彩使世界变得更加多彩缤纷。洞察每个细节，掌握色彩搭配的合理运用方法，不同的年龄、性别、性格特征运用不同种风格衣物进行搭配，才能让人焕发出光彩。

设计理念：服装设计选用露出大片肌肤的独特性感剪裁，不必费心搭配，仅用一条宽金属腰带就将服装整体的曲线美与

质感美淋漓尽致地展现了出来。

色彩点评：服装整体选用奶白色作为主色调，飞扬的衣襟给人以牛奶般的丝滑感受，金属材质腰带给整体服装增添了一丝摩登气息。

🌀雪纺面料质地柔软、轻薄透明，手感滑爽富有弹性，外观清淡爽洁，具有良好的透气感和悬垂性，给人舒适飘逸之感。

🌀白色是一种塑造性极强的颜色，通过简单的细节改动就可以变化风格。既可以高洁淡雅，又可以时尚摩登。

RGB=253,253,253 CMYK=1,1,1,0

RGB=47,44,36 CMYK=77,74,81,54

RGB=13,9,6 CMYK=88,85,87,76

服装整体设计为奶白色叠层款式喇叭袖 V 领长裙，服装材质色彩搭配清淡简洁，搭配的琥珀色挂饰项链为整体服装增添了一分慵懒知性。

RGB=237,241,243 CMYK=9,4,4,0

RGB=2,3,15 CMYK=94,91,80,73

RGB=91,75,73 CMYK=68,70,66,23

服装整体采用奶白色露肩款式雪纺质地长裙，领口处装饰香槟色细钻流苏，清新淡雅的同时更添异域风情。

RGB=0,0,0 CMYK=93,88,89,80

RGB=247,247,247 CMYK=4,3,3,0

＃雪纺 ＃服装色彩搭配应用技巧

　　雪纺由于面料经纬疏朗，所以透气性较好，手感尤为柔软，是时髦女性所追求的时尚面料，成装上身，既飘逸迷人，又凸显庄重典雅。

　　◆　雪纺可以和多种时尚元素进行搭配。雪纺搭配珍珠，给人以优雅、古典的印象；雪纺搭配欧根纱质地花朵，给人以甜美、高贵的印象。

　　◆　雪纺是很轻薄的化纤面料，适合应用于女式夏装，摸起来稍有毛躁感，但这就是它的特点。既可以应用于裤腰式裙子的腰带，又可以直接做整件衣服或裙子。

配色方案

双色配色	三色配色	五色配色

雪纺搭配赏析

◎5.1.2　蕾丝

设计理念：服装整体款式定义为半透明蕾丝长裙。版型巧妙的设置为紧身款式，搭配蕾丝元素透明纱质的朦胧质感，将腿部线条修饰得更加笔直修长，服装的整体造型营造出一种晨雾般的虚幻美感。

色彩点评：紫灰色蕾丝元素半透明长裙搭配金色高跟鞋，通常以低调奢华的视觉感受呈现在大众的面前。

🔵 喜欢蕾丝的朋友们，可以通过镂空款式展现女性性感的一面，若隐若现的镂空打底衫更加提升了性感指数。

🔵 层叠的搭配使服装整体更具有质感。镂空长裙里搭一件内衬短裙将层次感立刻凸显了出来，透露出神秘悠扬的性感。

RGB=179,176,195 CMYK=35,30,15,0

RGB=174,135,41 CMYK=40,50,95,0

服装选取蕾丝透视上装与雪纺裙拼接的款式，服装整体造型富有层次感，给人以舒适和谐的过渡感，与此同时，服装的深 V 设计尽显性感风情。

RGB=210,214,213 CMYK=21,14,15,0

RGB=153,142,130 CMYK=47,44,47,0

服装整体采用蕾丝材质，裙摆处做了下摆不对称设计，胸口处 M 形抹胸在半透明蕾丝网纱的衬托下更凸显娇媚诱人。

RGB=225,231,231 CMYK=14,7,9,0

＃蕾丝＃服装色彩搭配应用技巧

蕾丝面料为绣有精美刺绣的面料，在现代服饰中多作为点缀元素。由于其具有精雕细琢的特性，多给人奢华、高贵的视觉感受。

◆ 蕾丝面料点缀在裙尾或肩膀胸口处，覆盖于其他面料上，更凸显女性曲线的朦胧梦幻。蕾丝是一种百搭的配饰材料，搭配服装使整体风格变得更加优雅甜美。

◆ 蕾丝面料因质地轻薄而通透，具有优雅而神秘的艺术效果，被广泛地运用于女性的贴身衣物。

◆ 蕾丝具有独特性和多样性，可用作窗帘，也可以安装在客厅、卧室等地，既实用又美观。

配色方案

双色配色	三色配色	五色配色

蕾丝搭配赏析

设计理念：围巾以淡蓝色与白色拼接作为色彩搭配。围巾材质为羊绒，具有很好的保暖性能和美观性，纽扣点缀其间为整体造型添加了休闲感和独特的俏皮气息。

　　色彩点评：浅蓝色与白色相互搭配，可以为原本干燥乏味的秋冬季节增添一抹清新饱满的亮色。

　　①羊绒材质柔软亲肤令人爱不释手，其做工精细，走线精美，可与多种材质风格服装搭配。

　　②毛线过于厚重，纱巾过于轻薄，羊绒材质正好介于两者之间，无论是从实用角度还是美观方面都是不错的选择。

RGB=184,202,204 CMYK=33,16,19,0
RGB=242,244,239 CMYK=7,4,8,0
RGB=27,28,22 CMYK=83,78,85,66

羊毛材质衣物可以与多种风格图案进行搭配。无论是经典复古的波点图样，还是充满现代感的斑马纹图样，羊毛材质都融入了自己特有的风格质感。

■ RGB=19,15,12 CMYK=85,83,86,73
■ RGB=215,200,187 CMYK=19,23,25,0
■ RGB=175,160,155 CMYK=37,38,35,0
■ RGB=201,196,202 CMYK=25,22,16,0

服装整体款式设计定义为墨绿色高领针织毛衣，整体款式简洁，质地柔软，具有良好的保暖功能，适合于秋冬季节穿着。

■ RGB=22,33,35 CMYK=88,78,76,60

羊毛 # 服装色彩搭配应用技巧

羊毛面料色泽柔和自然，手感细腻柔软，保暖效果突出，材质挺括具有垂感，适合用于设计正装等传统款式。

◆ 羊毛大衣总是能够营造出一种休闲慵懒的视觉效果，无论是搭配休闲套装，还是商务套装，都不会矫揉造作，反而能够给人以知性放松的美感。

◆ 羊毛材质面料组织细密紧实，具有很强的保暖效果。作为秋冬出行的外套搭配款式，羊毛大衣在美观性和功能性方面的条件得天独厚，是一个不错的选择。

配色方案

双色配色	三色配色	五色配色

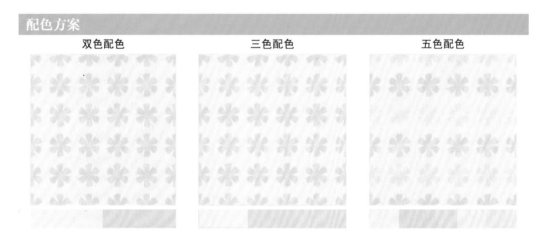

羊毛搭配赏析

一笔，服装整体造型散发出职业知性的美感气息。

色彩点评：墨绿色明度较低、饱和度高，深绿泛乌有光泽，是一种深沉内敛、具有浓郁秋冬气息的颜色。

❶ 墨绿色连衣裤搭配比例和谐，交叉设计出彩，高腰设计凸显立体感。

❷ 丝绸元素围巾的搭配，使服装整体造型更具有垂感，可拉升视觉比例。

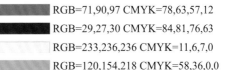

RGB=71,90,97　CMYK=78,63,57,12

RGB=29,27,30　CMYK=84,81,76,63

RGB=233,236,236　CMYK=11,6,7,0

RGB=120,154,218　CMYK=58,36,0,0

设计理念：服装整体选用丝绸材质，款式定义为胸前交叉连体衣裤。墨绿色丝绸给人感觉如同山水画中行云流水的泼墨

丝绸以它独特的材质手感和魅力，在亲肤睡衣市场也占有一席之地。光滑的丝绸和轻薄的蕾丝也是经久不衰的黄金搭档。

RGB=2,109,150　CMYK=88,54,31,0

RGB=183,188,181　CMYK=33,23,28,0

将丝绸具有光泽感的特性融入商务服装，总能给人意想不到的效果。灯笼袖玫紫色衬衫的设计增添了宫廷风韵，服装整体造型低调、华贵。

RGB=112,54,78　CMYK=62,87,57,18

RGB=50,48,59　CMYK=82,79,65,41

丝绸 # 服装色彩搭配应用技巧

　　丝绸材料服装手感光滑、色彩亮丽，丰富细腻的手感、飘逸的风姿给人以飘飘欲仙的视觉感受，穿着性能舒适、透气、不闷热。

　　◆　两套服装具有一个共同的特点，就是服装整体采用双色对比色，使用对比色会更加突出服装的材质。

　　◆　白色似乎与所有颜色都能够进行交流搭配，并且白色相较于其他颜色更有助于突出整体服装颜色和材质主体。

　　◆　一深一白，给人营造出的气场更倾向于职业成熟的风格，剪裁利落、配色鲜明。

配色方案

双色配色	三色配色	五色配色

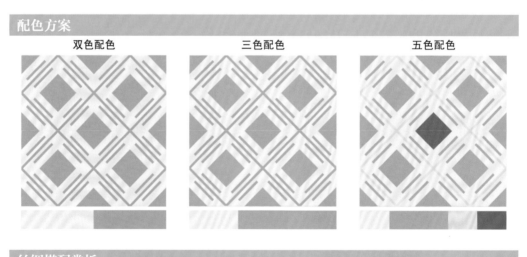

丝绸搭配赏析

设计理念：牛仔蓝色棉麻质地衬衫与深蓝色牛仔裤搭配，营造出了一种轻松休闲的假日气息。棉麻面料以它独特的穿着舒适性和款型的随意感赢得了大众的喜爱与追捧。

色彩点评：牛仔蓝色一眼看上去就给人以轻松愉悦的视觉感受。搭配深蓝色休闲牛仔裤，整体造型更是率性十足。

❶休闲风格服装搭配手包显得轻盈舒适，搭配大款斜挎包更适宜短途出行。

❷休闲衬衫的衣扣系得过于严密会显得太过正式，不符合服装整体风格穿着。

❸佩戴合适的首饰可以为休闲服装增光添彩，金属质地饰品或运动手环是不错的选择。

RGB=125,159,206 CMYK=56,33,8,0
RGB=74,91,111 CMYK=79,65,49,6
RGB=189,193,171 CMYK=31,21,35,0

黑白配色为普通的廓形款式 T 恤衫赋予了新的含义，棉麻质地赋予了它更深刻的层次质感。

RGB=21,19,20 CMYK=86,83,81,70
RGB=239,238,236 CMYK=8,6,7,0

将简单的颜色应用在简单的材质面料上，两种极简元素拼凑在一起却能碰撞出奇妙的火花，服装整体款式简洁，穿着舒适随性。

RGB=225,230,233 CMYK=14,8,8,0
RGB=6,5,11 CMYK=92,88,83,75

＃棉麻＃服装色彩搭配应用技巧

棉麻面料采用天然纤维织造，低碳环保。棉麻以它清凉透气的特性赢得了不少人的喜爱。组织细密不松散、不缩水，特别适宜夏季穿着。

◆ 并不是只有斑斓的色彩才能表达出服装搭配的轻快欢乐，黑白灰一样能够诠释棉麻的质感与风格。

◆ 棉麻面料服装并不需要太过庄重、华美的饰品，却依旧能体现出女性具有独特魅力的一面。

◆ 棉麻面料成为人们一种对生活放松休闲的态度。棉麻元素作为一种新的时尚潮流，走进人们的生活，引领了一种全新的生活主义。

配色方案

双色配色　　　　　　三色配色　　　　　　五色配色

棉麻搭配赏析

◎5.1.6 呢绒

设计理念：服装整体选用驼色作为主体色调，蓝棕拼色格子内衬打底，整体服装凸显出浓郁的英伦气息。

色彩点评：驼色明度较低，是一种低调优雅的颜色，带有蓝色的内衬恰恰打破

了服装整体沉闷的气息，给人以耳目一新的视觉感受。

①呢绒面料防皱耐磨、手感柔软、高雅挺括、富有弹性、保暖性强，但洗涤较为困难，不适合用于制作夏装。

②呢绒面料通常适用于制作礼服、西装、大衣等正规、高档的服装。

③呢绒面料组织细密、版型挺括，适于各种风格款式的衣物搭配，适合秋冬季节穿着。

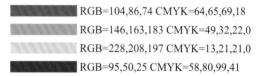

RGB=104,86,74 CMYK=64,65,69,18
RGB=146,163,183 CMYK=49,32,22,0
RGB=228,208,197 CMYK=13,21,21,0
RGB=95,50,25 CMYK=58,80,99,41

服装外套以经典千鸟格图案作为主体，黑色短裙作为内搭，黑色鱼嘴高跟鞋作为陪衬，细节简单精致，突出了呢绒大衣主体风格简约干练。

■ RGB=32,31,33 CMYK=83,80,76,61
░ RGB=226,217,217 CMYK=14,16,12,0

服装以剪裁独特的墨绿色呢绒斗篷作为主体，白衬衫和高开衩中裙作为陪衬，整体造型个性独特、风格分明，给人以摩登复古的感觉。

▫ RGB=247,245,242 CMYK=4,4,6,0
■ RGB=72,59,47 CMYK=70,71,79,41
■ RGB=13,12,18 CMYK=90,87,80,72
■ RGB=43,48,75 CMYK=89,86,56,29

#呢绒#服装色彩搭配应用技巧

呢绒材质衣物给人以整齐、挺括、大方的印象。用于正式着装会给人一种庄重、正式、尊重的感觉。

◆ 呢绒材质色彩多变，每变换一种颜色就会变换一种风格。黑色宝石蓝贵气大方；姜黄色时尚张扬。

◆ 宝蓝色的外套内搭可以是衬衫，牛仔衬衫或是浅色的衬衫搭配针织衫，这样搭配不会显得过于成熟。

◆ 配饰和鞋子对呢绒材质服装风格也有较大影响，选用公文包使整体风格职业大方；搭配休闲包，则使整体风格休闲随性。

配色方案

双色配色	三色配色	五色配色

呢绒搭配赏析

色彩给人带来俏皮甜美的感觉，皮夹克上镶嵌的对称红唇图样更添几分性感风情。

色彩点评：服装以粉红色夹克为主体，白色蕾丝内衬与粉色蕾丝裙做陪衬，凸显出整体造型青春可爱、活力十足。

❶优品紫红色的整体服饰配色介于红色和紫色之间，既有红色的优雅，又有紫色的神秘。

❷皮外套总是能带来上品的时髦感，内搭白色打底衫，更显简单、随性、帅气。

設計理念：服装整体形态风格一反传统皮衣带给人们帅气拉风的印象，粉嫩的

- RGB=240,142,180 CMYK=7,57,9,0
- RGB=209,65,119 CMYK=15,86,26,0
- RGB=110,59,60 CMYK=58,81,71,27
- RGB=252,254,251 CMYK=1,0,2,0

别具韵味的黑色皮衣裙外套，整体风格极具欧美气息，搭配黑色描金长筒靴，出街穿搭的时装范儿指数直线提升。

- RGB=5,8,13 CMYK=92,87,82,74
- RGB=132,104,56 CMYK=55,60,88,10

服装选用驼色皮革材质面料与黑色太空棉材质面料拼接而成，细节层次丰富，给人以时尚摩登的视觉感受。

- RGB=197,184,173 CMYK=27,28,30,0
- RGB=25,25,41 CMYK=90,89,68,57

皮革面料是经过特殊处理的动物毛皮或者人造皮革的服装材质，皮革材质版型硬挺，给人以率性爽朗的感觉，面料组织严密，保暖防风性良好，适于秋冬季节服饰搭配。

◆ 皮革材质外套无论搭配长裙还是半裙，都可以进行互补，展现出女性娇媚多姿的同时更添了一丝率性活泼。

◆ 皮革材质衣物由于其整洁利落加上防风性好的特点，即使在冬季搭配中也依然是主角。短款款型不仅单穿时尚，搭配其他风格衣物也能够个性十足。

◆ 短款的皮衣搭配蕾丝裙或休闲长裤，更添了几分帅气与休闲。

配色方案

| 双色配色 | 三色配色 | 五色配色 |

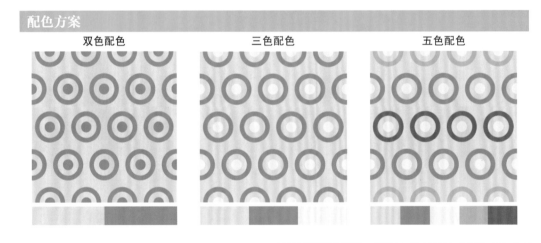

皮革搭配赏析

5.2 服装图案与色彩搭配

服装设计的魅力在于通过以图案的多元化来增强艺术气息，满足人们对个性美的追求。现如今图案元素已经成为服装设计的重要组成部分，常常通过图案的应用与搭配来凸显服装的整体风格。

图案是经过预先设计而形成的一种艺术形式，其通过修饰加工和风格匹配，而形成的一种特立独行的服饰搭配元素。

服装图案对于服装整体造型起着至关重要的装饰作用。完善整体细节，起到为服装整体画龙点睛的作用，为受众人群带来美观、丰富的视觉感受。

◎5.2.1 条纹

设计理念：服装整体设计为黑色竖条纹卡通图案太空棉连衣短裙。整体风格偏向欧美，给人以轻松休闲的视觉感受。

色彩点评：竖条纹图案律动感十足，兔子图案个性突出，酒红色小包和玫红色

针织帽色彩跳跃，整体风格活泼、可爱。

1 条纹图案是经久不衰的图案款式，它总能赋予单一颜色一种新的生命延展力，能够将服装整体风格都带动起来。

2 竖条纹在视觉干扰下会产生一定的收缩视觉效果，将穿着者显得更加纤瘦苗条。

3 条纹图案经典百搭，无论是年龄层次，还是季节变换，都可以进行合理的穿着搭配。

RGB=34,38,57 CMYK=89,86,63,44

RGB=234,241,246 CMYK=10,4,3,0

RGB=135,20,27 CMYK=48,100,100,23

RGB=229,31,76 CMYK=11,95,59,0

服装巧妙地运用条纹图案带来视觉干扰的效果，横条纹显得宽松平整，竖条纹显瘦百搭。合理运用了条纹图案风格，更为整体气质加分不少。

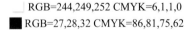

RGB=244,249,252 CMYK=6,1,1,0

RGB=27,28,32 CMYK=86,81,75,62

服装并没有大范围使用条纹图案，仅在头饰和胳膊处添加了条纹元素，就将整体造型变为甜美学院风格。白色与深蓝色交融搭配，更易带给人甜美可人的视觉感受。

RGB=246,245,250 CMYK=4,4,1,0

RGB=20,20,54 CMYK=98,100,60,46

RGB=14,17,33 CMYK=94,92,71,63

条纹可以称得上时尚图案里的元老级别。它简单明了且个性鲜明，无论是日常着装还是应用于舞台服装，都能够制造出强烈的视觉冲击力。

◆ 当条纹元素与皮革材质衣物进行激烈的碰撞，就孕育出了青春张扬的摇滚风格，条纹元素也体现了其重金属的一面。

◆ 当条纹元素融入时装中，以围裙的形式出现在大众面前，却也有一种居家温软的清新气质。

◆ 条纹图案经典百搭，可以运用到各种类型款式的服装设计上，其中以黑白配色最为广泛，被誉为经久不衰的经典搭配。

配色方案

双色配色　　　　　　　　三色配色　　　　　　　　五色配色

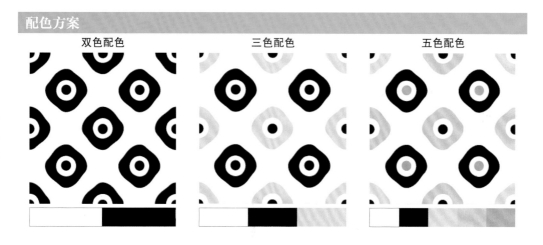

条纹搭配赏析

设计理念：服装仅用一件黑色纯棉上衣与不规则下摆红黑格子短裙相搭配，就能够营造出简约摩登的时尚外形。漆皮短靴更是为整体造型增添了一抹亮色。

色彩点评：服装整体由黑红白三色组合而成，整体款式简约时尚，三色杠中筒袜与细链肩包衬托了服装主体，烘托出了浓郁的英伦气息。

1 服装整体搭配简洁轻快，所以更适合携带小容量的包饰，以衬托轻盈的服装主题。

2 亮面漆皮短靴更是映衬出服装风格，使整体细节更加充实，内涵风格完整、时尚。

RGB=15,15,18 CMYK=88,84,81,72
RGB=247,39,61 CMYK=1,93,69,0
RGB=228,235,252 CMYK=13,7,0,0

服装运用纯白色简约花纹图案针织毛衣，与墨绿棕色格子包臀百褶裙相搭配，轻松营造出了甜美的学院风格。整体配色和谐经典，造型简洁大方。

RGB=240,240,238 CMYK=7,5,7,0
RGB=4,6,37 CMYK=100,100,68,60
RGB=44,63,67 CMYK=85,70,66,34
RGB=112,74,76 CMYK=60,74,64,18
RGB=232,166,141 CMYK=11,44,41,0

服装以葡萄紫、粉红、白三种颜色进行了不规则图案呢绒大衣的版型设定，决定了服装整体风格走向，给人以甜美优雅、步履轻快的印象。

RGB=32,12,23 CMYK=81,91,76,68
RGB=181,69,115 CMYK=37,85,37,0
RGB=246,247,249 CMYK=4,3,2,0
RGB=10,10,21 CMYK=92,90,77,70

#格子#服装色彩搭配应用技巧

格子具有超强的可塑性，可以在服装设计上塑造出不同的风格和美感，或质朴或跳跃。格子图案总是能给我们带来预想不到的惊喜，丰富了人们的视觉感受和对美的追求。

◆ 灯笼袖套头毛衣选用喜庆亮眼的红色渲染，高领的设计使穿着者温暖备至，搭配格子半身裙，充分凸显出女性的独特魅力和优雅气质。

◆ 长款格子衬衫带来了不一样的视觉效果，饱和度较高的红色搭配印花字母，营造了浓浓的摇滚氛围。

◆ 格子图案风格多变，搭配宽松版型的衣物，给人以叛逆不羁的感觉；配以优雅贴身的版型，给人婉约唯美的印象。

配色方案

双色配色	三色配色	五色配色

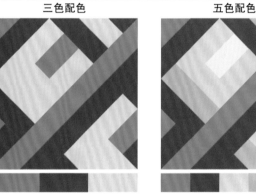

格子搭配赏析

◎5.2.3 豹纹

设计理念：豹纹图样被誉为流行中的经典，是性感的象征。将豹纹元素运用到内衣中尤为合适，豹纹与粉色相结合，形成了一次成熟与可爱的撞击，迸发出女性独有的魅力。

色彩点评：将粉色融入豹纹元素中并不冲突，同时缓和了豹纹的生硬感，衬托出了女人特有的娇媚与可爱。

1 外搭材质为薄纱，质地轻盈舒适，并且中和了豹纹的生硬感，使整体造型更具有成熟魅力。

2 在凸显性感的同时，融入的粉色元素使整体细节更加完整丰满，体现出女性的多样美。

- RGB=37,17,10 CMYK=76,85,90,70
- RGB=192,170,145 CMYK=30,35,43,0
- RGB=241,125,164 CMYK=6,65,14,0

豹纹与波点都是经典的流行图案，两种元素融合在一起又孕育出了一种新的流行风尚。浅棕色与绿色的对比明显，服装整体风格个性鲜明，新意十足。

- RGB=133,109,98 CMYK=56,59,60,4
- RGB=40,44,52 CMYK=84,79,68,47
- RGB=56,154,105 CMYK=76,23,71
- RGB=21,40,35 CMYK=88,73,80,58

服装以皮革材质的长款豹纹拼接皮衣作为主调，条纹针织内衬和烟灰色围巾作为辅助，整体造型简约而不简单，凸显出女性的成熟与知性美。

- RGB=27,22,28 CMYK=85,85,75,65
- RGB=225,188,142 CMYK=15,31,47,0
- RGB=170,114,82 CMYK=41,62,70,1
- RGB=123,103,119 CMYK=61,63,45,1
- RGB=205,208,206 CMYK=23,16,17,0

豹纹 # 服装色彩搭配应用技巧

豹纹元素向来是经久不衰的流行元素，豹纹单品得益于其色彩冲击和立体质感。搭配豹纹可以从材质、色彩、配饰和款式等方面着手。

◆ 豹纹元素风格百变、造型多样，应用于裙装质地一定要轻薄飘逸，过于硬朗的面料并不适合用来打造女性柔美的曲线和妖艳风情。

◆ 将豹纹元素应用于夹克，硬挺的版型会给人以爽朗、帅气十足的印象，加入铆钉元素，更凸显服装整体性格阳刚的一面。

◆ 宽松款式的豹纹单品给人帅气、冷艳的印象，而浅色款式的豹纹单品则给人以野性高贵的感觉。

配色方案

双色配色	三色配色	五色配色

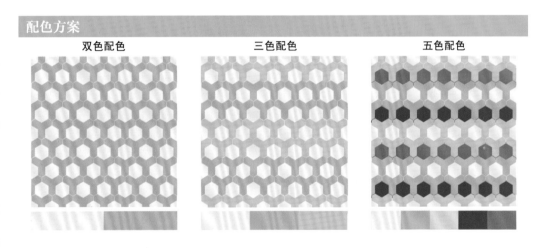

豹纹搭配赏析

◎5.2.4 拼接

设计理念： 上衣以风衣的剪裁版型，推陈出新形成了一种全新的呢绒与皮革拼接的面料形式，其保暖性功能依旧，又给

人以睿智、优雅的形象气质。

色彩点评： 服装整体色调虽为全黑，但不同质感的面料创造出了相当有层次感的视觉感受，整体细节丰韵饱满，风格大气简约。

❶ 呢绒硬挺的材质与皮革柔软的版型形成鲜明的对比，使整体造型不会过于生硬，却有着女子特有的英气。

❷ 肩包和马丁靴的搭配也是恰到好处，搭配皮裤会为服装整体增添几分帅气质感，同时与皮革元素呼应，紧扣主题。

■ RGB=21,23,41 CMYK=92,92,67,57
■ RGB=86,90,102 CMYK=74,65,53,9

服装整体造型定义为吊带款式皮革毛呢拼接短裙，黑色与酒红是极具性感韵味的颜色搭配，服装款式别出心裁，拼接手法为整体服装增添几分质感。

■ RGB=111,32,34 CMYK=53,95,90,35
■ RGB=34,34,35 CMYK=83,79,76,59
■ RGB=192,49,54 CMYK=31,93,82,1
□ RGB=235,228,214 CMYK=10,11,17,0

服装整体选用呢绒、牛仔和羽绒三种材质拼接而成，整体外形充满律动感，酷劲十足，具有保暖功能。整体配色偏深，给人以青春叛逆的视觉效果。

■ RGB=147,117,77 CMYK=87,78,60,32
■ RGB=13,18,28 CMYK=92,88,74,66
■ RGB=36,44,45 CMYK=84,75,73,51
■ RGB=199,180,143 CMYK=27,30,46,0

＃拼接＃服装色彩搭配应用技巧

拼接不是将不同材质、不同色彩的布料随意拼接在一起，而是通过现代设计和大胆创新，营造出符合时代特征的元素风格。

◆　拼接元素应用于外套大衣最为广泛，因为外套可以最直观地凸显出拼接的特色，拼接元素影响着整体风格的变化。

◆　拼接元素的服饰质感丰富，适宜搭配色彩鲜艳、样式华丽的配饰或鞋子，搭配简单的配饰更能凸显出原汁原味的拼接风格。

配色方案

双色配色	三色配色	五色配色

拼接搭配赏析

◎5.2.5 波点

设计理念：服装整体款式定义为厚雪纺材质抹胸连衣长裙，整体形态类似含苞欲放的花朵，添加经典波点元素为整体服装增添了几分优雅古典气质。

色彩点评：深灰色与米色搭配使整体效果更加柔和，高腰设计拉长比例，更加凸显修长曲线。

🎨大波点裙最能衬托出小女人般的轻盈和妩媚，典雅的知性气息四面铺洒开来。

🎨波点是一种十分复杂的元素，它的前卫与怀旧让其独具时尚特性，但普通的搭配却很难呈现出理想效果。

RGB=226,218,199 CMYK=14,15,23,0

RGB=65,56,61 CMYK=76,57,67,37

服装整体款式设定为茧形大波点羽绒外套，服装版型挺括、造型可爱，搭配奶嘴形状毛毡帽更加为甜美加分。

■ RGB=16,17,12 CMYK=87,82,87,73

■ RGB=226,218,208 CMYK=14,15,18,0

■ RGB=144,105,72 CMYK=51,62,76,6

■ RGB=171,155,129 CMYK=40,39,50,0

服装整体款式设定为翻领款式小波点棉服外套，造型简约百搭，保暖性强。搭配的松糕鞋，更加给人以轻松休闲的感觉。

■ RGB=24,23,27 CMYK=86,83,77,66

□ RGB=248,248,250 CMYK=3,3,1,0

■ RGB=39,39,46 CMYK=84,80,70,52

波点 # 服装色彩搭配应用技巧

波点也是最为经典的图案元素之一，给人源源不断的创新灵感。又能让人觉得幸福温暖，容易回忆起童年点点滴滴的细节。

◆ 波点元素不适合大面积使用，在日常着装中，可以将波点元素融入某件单品中，会凸显整体格调的优雅甜美。

◆ 波点裙兼具了时代转型的优雅与叛逆，波点衬衫有一种低调朴素的女人味。波点元素百搭多变，充满了时尚与经典碰撞的火花。

配色方案

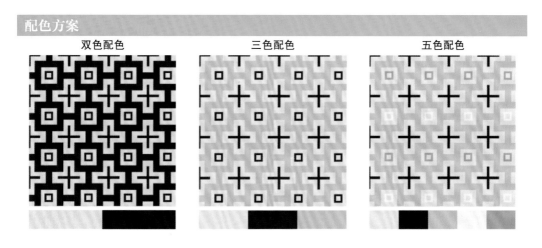

双色配色　　　　　三色配色　　　　　五色配色

波点搭配赏析

◎5.2.6 卡通

设计理念： 服装整体将大面积卡通图案布满服饰表面，体现出一种青春玩味的不羁风格。面料版型舒适大方，符合现代年轻人的审美个性。

色彩点评： 服装整体以卡通图案为主，风格偏向于欧美漫画，充满了复古风情，同时又融入了现代流行元素。

❶卡通元素可以应用于多种材质面料的衣物，为服装整体增添休闲趣味的神韵。

❷卡通元素适合与松糕鞋、手表等具有休闲运动气息的配饰搭配，增添几分青春活力的甜美气息。

RGB=241,240,253 CMYK=7,7,0,0

RGB=181,106,125 CMYK=36,68,39,0

RGB=214,233,241 CMYK=20,4,6,0

RGB=249,235,111 CMYK=8,7,64,0

服装以简约的白色T恤打底，印有卡通风格的图像，整体风格简约大方，面料透气舒适，适于日常穿着。

RGB=250,244,255 CMYK=3,6,0,0

RGB=42,40,42 CMYK=81,78,73,53

RGB=185,24,29 CMYK=35,100,100,2

RGB=252,233,229 CMYK=1,13,9,0

服装整体以运动风格为主，灰色棉质卫衣印有极具欧美风情的夸张红唇图案，为原本平淡无奇的搭配添加了亮眼的一笔，同时也与红色的鞋子相互呼应，尽显嘻哈时尚。

RGB=155,32,52 CMYK=44,99,82,11

RGB=40,87,148 CMYK=89,69,22,0

RGB=129,144,159 CMYK=57,40,31,0

RGB=106,106,106 CMYK=66,58,55,4

RGB=243,122,110 CMYK=4,66,49,0

#卡通# 服装色彩搭配应用技巧

卡通图案已经不再是儿童的专利，将卡通图案应用于成人时装不仅是对童年记忆的一种缅怀，而且还带动了一股新的流行风尚。

◆ 卡通元素多应用于卫衣，可以将卫衣的含义诠释得更加完整贴切，使运动风格的卫衣也沾染了时尚的味道，整体搭配时尚前卫，颇具摇滚韵味。

◆ 牛仔裤是嘻哈装扮必不可少的黄金搭档，而具有浓郁英伦风味的休闲款礼帽和墨镜也是出行的潮流搭配，穿着舒适且具有美观性。

配色方案

双色配色	三色配色	五色配色

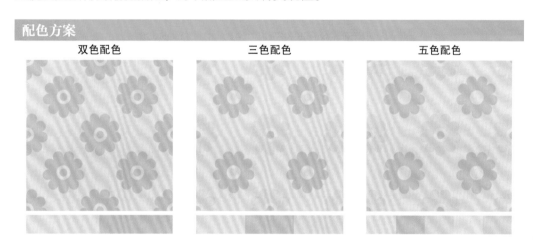

卡通搭配赏析

设计理念： 服装以红色作为主色调，将鹅黄色碎花短裙重点突出，整体形象清新自然，再搭配链条斜挎包，突出了穿着者的甜美可爱。

色彩点评： 选用明度高的纯色毛衣作为底色，能够更好地突出碎花短裙的风格与样式，使服装整体风格井然有序，相互陪衬。

🎨 碎花元素不适合大面积应用，碎花单品搭配简单的装饰，就能够打造温婉可人的气质形象。

🎨 手拎小挎包作为碎花元素陪衬装饰是不错的选择，衬托服装风格轻盈自然。

RGB=208,46,33 CMYK=23,94,97,0
RGB=215,190,107 CMYK=22,27,65,0
RGB=95,186,175 CMYK=663,9,38,0

RGB=53,30,14 CMYK=70,81,96,62

RGB=46,37,47 CMYK=81,83,68,51

服装整体版型设定为雪纺材质衬衫灯笼袖碎花连衣裙，碎花图案由上至下、由浅至深，给人以柔和的过渡感，体现出清新自然的搭配风格。

服装上身选用棉质网纱拼接衬衣作为打底，充分烘托出深蓝色碎花喇叭裤独特的风格韵味，服装整体造型给人以大气婉约的视觉感受。

RGB=228,227,222 CMYK=13,10,13,0
RGB=114,137,60 CMYK=64,40,93,1
RGB=181,87,71 CMYK=36,77,73,1
RGB=203,176,93 CMYK=27,32,70,0

RGB=12,9,4 CMYK=88,85,89,76
RGB=248,244,241 CMYK=94,91,54,29
RGB=120,71,53 CMYK=55,76,82,23

碎花元素不仅是一种布料图案，也是一种想要留住花开盛放时的情结。无论何时何地何年何月，碎花元素的衣物总能给我们带来唯美愉悦的视觉感受。

◆ 将碎花元素应用到抹胸连体衣裤，不仅诠释出了成熟女性独有的温柔优雅，其中还凸显了大女人的独立和霸气，碎花的表达方式多种多样，因人而异。

◆ 当碎花元素应用于抹胸连衣裙，则给人更多的是以小女人的妩媚娇羞感。休闲度假定不会缺少碎花连衣裙的存在。

◆ 碎花让人联想到夏季盛放的花海，碎花元素是美好的代名词，正如女性之美。

配色方案

双色配色　　　　　　　　三色配色　　　　　　　　五色配色

碎花搭配赏析

5.3 设计实战——白领女性不同季节在不同场合的服装搭配

春季白领正式着装	分　析
 设计师清单： 	● 本套服装搭配方案适合于春季白领女性上班工作时穿着。服装外套选用嫩绿色厚雪纺材质修身款式西服，搭配米白色薄雪纺材质宫廷风格系带衬衫与白色打底裤。服装整体配色方案绿白相应，给人以春天般的清爽柔和之感。 ● 服装整体配色一反职业服装带给人的黑白印象，无论从款式设计还是从色彩搭配来讲，都能够体现出当代白领女性的时代潮流特征。 ● 服装搭配米白色高跟鞋，为整体配色方案增添了更加丰富的色彩层次质感。

春季白领日常出行着装	分　析
 设计师清单： 	● 本套服装适宜初春时节穿着，可作为白领女性日常出行的一套搭配方案。服装整体色彩明度较高，饱和度较低，以清新柔和的表达手法诠释着女性的清逸质朴之美。 ● 服装大面积使用淡蓝色，给人以扑面而来的春日气息感，锯齿波浪图案三色拼接毛呢材质短裙为服装整体造型增添几分律动感。 ● 服装选用湖蓝色贝雷帽作为帽饰，与米白色绑带高跟鞋形成鲜明的明暗对比，从上至下形成一种欢快舒适的渐变视觉感受。

夏季白领正式着装	分　析
 设计师清单： 	● 本套服装适于白领女性在夏季作为通勤装进行穿着搭配。服装主体为无袖紧身款式黑白拼色连衣短裙，整体服装搭配给人以简洁干练的印象。 ● 黑白是经典的百搭配色，中统对称的色块拼接与紧身利落的款式剪裁，塑造出简约大方的职场风格。 ● 大檐帽与尖头蕾丝高跟鞋的搭配，为服装造型增添几分女性独有的柔美气息，丰富了整体内容。
夏季白领运动着装	分　析
 设计师清单： 	● 本套服装，适于夏季白领女性作为户外运动着装的一种搭配方案。整体服装配色清新自然，款式设计俏皮可爱，充满了青春气息。 ● 背心和外套均选用纯棉材质，穿着舒适，适合户外活动时穿着。牛仔短裤与运动鞋的搭配更凸显律动气息。 ● 深棕色背包与服装主体形成鲜明的色彩对比，良好的性能也让帆布背包成为户外活动中必不可少的单品搭配。

秋季白领正式着装	分　析

设计师清单：

- 本套服装适合于秋季白领女性在日常工作中穿着。服装上衣为浅棕色系带蝴蝶结衬衣，下身为卡其色紧身西裤，搭配深褐色西服马甲，整体服装搭配优雅率性。
- 摒弃黑白组合，在乏味干燥的深秋季节，大地配色服装搭配更加给人以意味深长的视觉感受。
- 浅棕色网格纹水桶包与尖头漆皮高跟鞋的搭配，可以烘托出睿智干练的职业女性形象。

秋季白领日常着装	分　析

设计师清单：

- 本套服装搭配方案适于深秋时节白领女性在日常生活中穿着。外套为浅卡其色经典系扣绑带风衣，与浅灰色高领毛衣和皮裤搭配，给人以率性简约的视觉印象。
- 服装整体将三种不同材质的单品结合在一起，形成一种丰富的层次质感，丰富了整体造型细节。
- 具有光泽感的细跟真皮短靴与亚光感的毛毡礼帽形成鲜明的质感对比，金属感的配饰搭配为整体造型增添几分优雅随性的气质。

冬季白领正式着装	分　析

- 本套服装适于冬季穿着，是一种适合白领女性作为日常工作的服装搭配方案。服装外套为浅灰色正装款式中长毛呢西服，搭配厚雪纺质地皮领收腰衬衫连衣裙，给人以精明干练的职业形象。
- 佩戴真皮材质绒边手套，丰富整体细节的同时，在寒冷的冬天也具有保暖功能，衬托出更为雍容华贵的气质。
- 棕红色复古手拎大包，在整体服装造型中显得尤为亮眼，充分符合整体着装风格。

设计师清单：

冬季白领晚宴着装	分　析

- 本套服装搭配适于冬季，白领女性可用于晚宴穿着的服装搭配方案。紫色雪纺材质蕾丝钩花晚礼长裙，搭配米白色貂绒披肩，整体服装造型给人以优雅华贵的视觉感受。
- 金色镶钻手包与紫色裙体形成了鲜明的对比色，衬托出整体造型视觉效果更为光鲜亮丽。
- 蓝紫色的宝石项链与黑色漆皮高跟鞋作为细节点缀，能够更好地展现出穿着者典雅高贵的气质。

设计师清单：

第 6 章　服装饰品与时尚元素

　　配饰的种类繁多，通常除衣服主体外，其他都称为配饰。远古时期人类就有佩戴类似饰品的装饰，经历了上万年的发展繁衍后，服装的演变也带动了服装饰品的发展，与当代社会的时尚元素紧密结合，形成了个性鲜明、独特的现代服装文明。

　　◆ 服装饰品是集实用与美观于一体的衍生品，根据不同的文化环境、审美水平和宗教信仰，也使得服装饰品的发展更加广泛和多元化。

　　◆ 通过现代文化的交融与发展，创造出了新时代的时尚元素，将时尚元素与传统服装饰品进行时空的碰撞，会与服装整体造型形成意想不到的和谐效果。

6.1 服装饰品

服装配饰通常是指除服装主体外，为更好地衬托主体丰富细节的饰品。服装饰品种类繁多，风格迥异。

服装配饰起源悠久，是服装搭配必不可少的细节。服装与饰品完美地结合，才算是完整的服装整体搭配造型。

人们对美的追求越来越完善，从而使服装配饰的种类也越来越丰富，反映出当代的文化底蕴气息和对美的不同认知。

不同的民族风情、民族风俗、地域环境、气候条件等因素，使不同民族、不同地域的服装配饰具有各自不同的形式和内容。

◎6.1.1 鞋子

设计理念：鞋子的设计灵感来源于雨

靴，整体设计将马丁靴样式和雨靴材质进行了完美的交融碰撞，形成了一种透明百搭的款式，鞋子色彩随袜子随机变换，趣味十足。

色彩点评：这双鞋子最大的特点就在于其是透明色，鞋子的颜色可以通过袜子随机变换符合当日整体造型的配色。

❶鞋子以皮、布、木、草、丝等为材料制作而成穿在脚上。

❷鞋的后跟高度要适宜，松紧要恰当，用料要舒适，一双好鞋远比一匹宝马之于骑士更重要。

RGB=238,201,105 CMYK=11,25,65,0
RGB=173,129,44 CMYK=41,53,93,1
RGB=247,246,208 CMYK=7,2,25,0
RGB=224,222,223 CMYK=15,13,5,0

鞋子图案为凡高的《星空》，巧妙地将艺术元素融合到高跟鞋中，将女性独有的优雅妩媚和画作碰撞出灵魂的火花，堪称艺术。

■ RGB=12,98,131 CMYK=90,61,40,1
RGB=252,237,152 CMYK=6,8,49,0
RGB=145,138,22 CMYK=53,43,100,1
■ RGB=0,0,0 CMYK=93,88,89,80

鞋子上的金发红唇形象很容易让人联想到"梦露"，将性感女性的形象与高跟鞋相结合，给人传达出更二次元的趣味体验。

RGB=244,212,213 CMYK=5,23,12,0
RGB=236,221,3 CMYK=16,11,90,0
RGB=199,2,14 CMYK=28,100,100,1
RGB=246,140,46 CMYK=3,57,83,0
■ RGB=9,7,0 CMYK=90,85,90,77

写给Ｉ设计师的书

服装配色设计手册

（第2版）

＃鞋子＃服装色彩搭配应用技巧

　　鞋子是保护脚的一种工具，也可以起到修饰美观的作用。发展到现在，各种各样风格迥异的鞋子随处可见，不同风格的衣物搭配适合款式的鞋子才会更显风姿。

　　◆　现代鞋子种类多种多样，以高跟鞋举例，就有粗跟、细跟、坡跟之分，不同风格的衣物应搭配不同种类的高跟鞋。

　　◆　穿不合脚的鞋子会损伤皮肤，甚至会扭伤跟腱，更无任何美感可言。舒适轻巧的鞋子才会给人以轻松愉悦的穿着感受。

　　◆　黑色、白色是鞋子搭配衣物最保险的百搭色。鞋子的选择与衣着搭配协调对增强人的整体美感有一定的作用。

配色方案

双色配色　　　　　　　　　　三色配色　　　　　　　　　　五色配色

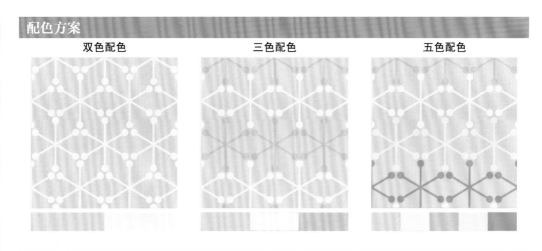

鞋子搭配赏析

◎6.1.2 包

跃，同时又充满名媛风的靓丽俏皮感。

色彩点评：西瓜红撇去了粉红的稚嫩和亮红的高调，是一种中庸知性的颜色，搭配黑色衣物会显得精明干练，并带有小女人的娇媚。

设计理念：包饰为明丽的西瓜红色，中和了黑色带给人的庄重和压抑感，与鹅黄色裙子更是交相呼应，体现出少女心十足。手包的搭配更使服装整体造型活泼跳

包不仅用于存放个人用品，也能体现一个人的身份、地位、经济状况乃至性格等。

经过精心选择的皮包具有画龙点睛的作用，合适的包饰搭配能够让人的气质更胜一筹。

RGB=240,141,161 CMYK=7,58,21,0
RGB=29,20,41 CMYK=89,94,66,57
RGB=250,240,204 CMYK=4,7,25,0

该包饰以黑色为主色调，装饰有五金拉链，造型设计简洁，与服装衣着搭配相称，整体设计给人以职业干练的都市白领形象。

■ RGB=51,51,51 CMYK=79,74,71,45
RGB=195,191,208 CMYK=28,25,11,0
RGB=110,110,116 CMYK=65,57,49,2
RGB=124,139,160 CMYK=58,43,30,0
■ RGB=20,21,26 CMYK=88,84,77,67

该包饰以棕色为主色调，搭配极具英伦气息的浅蓝色西服外套和浅棕色网格阔腿裤，给人十足的学院休闲感。

RGB=155,97,55 CMYK=46,68,87,6
RGB=191,198,217 CMYK=30,20,9,0
RGB=235,233,239 CMYK=9,9,4,0
RGB=150,134,128 CMYK=48,48,46,0
■ RGB=52,50,52 CMYK=79,75,70,45

＃包＃服装色彩搭配应用技巧

上班族配包应该大一些，可以装文件或者必需品，样式简洁大方，与上班族形象相符合。或包含流行元素的手拎包或挎包都是不错的选择。

◆ 左图包饰为红色手拿款公文包，包饰简洁明快，与服装主题十分贴切，与腰带呼应的小细节更加提升了整体的造型气质，体现衣着品位。

◆ 右图包饰为浅湖蓝色手拎斜跨两用包，包饰与服装主体形成了和谐复古的渐变层次，搭配以复古欧式木鞋，整体造型给人奇妙的夏洛克风情感以及耐人寻味的质感。

◆ 不是所有服装搭配都适宜同一款包饰，如果包饰搭配不当，反而会影响整体着装效果。

配色方案

双色配色	三色配色	五色配色

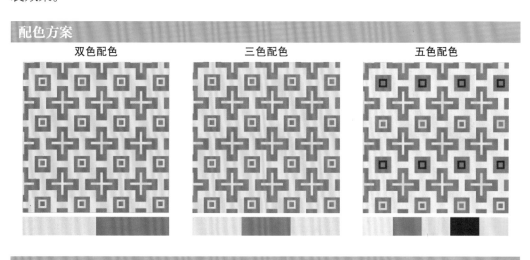

包搭配赏析

◎6.1.3 帽子

设计理念：帽子风格具有浓厚的休闲气息，搭配碎花短裙和金属首饰给人以欧美少女的即视感，甜美中略带叛逆。

色彩点评：帽子形状类似于改良版牛仔帽，并绑有蝴蝶结，给人以豪放不羁的叛逆感。与此同时，将蝴蝶结元素融入帽子，使整体又多添了一分柔美。

🔘合理的帽饰搭配是凸显气质与美感不可或缺的元素。

🔘帽子在古老西方文化中是正式和地位的象征，沿用到现代，也是在正式场合表达尊重感的一种常用搭配方法。

	RGB=185,134,107 CMYK=34,53,57,0
	RGB=196,196,196 CMYK=27,21,20,0
	RGB=127,67,69 CMYK=54,81,68,17
	RGB=157,194,195 CMYK=44,15,24,0

该帽饰为驼色带有蝴蝶结装饰的毛毡小礼帽，具有十足的优雅名媛感，帽子上的蝴蝶结与头饰上的蝴蝶结交相辉映，整体颜色搭配优美亮眼。

	RGB=243,223,170 CMYK=8,15,39,0
	RGB=244,71,64 CMYK=2,85,70,0
	RGB=244,95,84 CMYK=3,76,60,0
	RGB=238,92,116 CMYK=7,78,38,0

该帽饰为款式简洁纯色的运动鸭舌帽，深蓝色的帽饰搭配浅灰色的纯棉衬衣，给人一种简约舒适的印象。

	RGB=195,199,211 CMYK=28,20,13,0
	RGB=36,51,91 CMYK=95,89,48,16

帽子 # 服装色彩搭配应用技巧

　　帽子可以用来保护头部亦可作打扮之用，可以用来保护头发，也可以用作服装搭配饰品，其种类和搭配方法多种多样。

　　◆　左图帽饰为牛仔款式礼帽，搭配短款牛仔衣和短裙，给人以清新甜美、性格开朗的印象。

　　◆　右图为针织款毛线球帽，搭配整体造型给人以清纯可爱的印象，并且帽饰属于厚毛线材质，非常保暖，在冬季要想美丽与温度并存，毛线帽是一个不错的选择。

配色方案

双色配色	三色配色	五色配色

帽子搭配赏析

◎6.1.4　围巾

设计理念：该丝巾采用了十分有趣的系法，既可以做头巾又可以做围巾，整体配色线条充满异域风情，凸显优雅迷人气质。

色彩点评：丝巾选用湖蓝、红、白三种颜色搭配而成，将整体造型重点落在丝巾上，独特的围巾系法带给人以强烈的视觉冲击。

较为单薄的衣物可以搭配轻柔材质的围巾，也可搭配有厚重感的围巾。穿较厚重臃肿的衣服，尽量搭配面料轻柔的围巾，以避免全身显得过于臃肿。

围巾除了保暖外，更重要的是能起到装饰的作用，让整体着装显得更加时尚，引人注目。

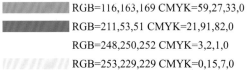

RGB=116,163,169 CMYK=59,27,33,0

RGB=211,53,51 CMYK=21,91,82,0

RGB=248,250,252 CMYK=3,2,1,0

RGB=253,229,229 CMYK=0,15,7,0

该围巾蓝白花纹相间，尾部配有流苏装饰，颇有中国古典青花瓷的感觉，搭配全白的衣物和银色的手拎包，整体造型显得仙气十足。

RGB=251,250,255 CMYK=2,2,0,0

RGB=48,47,90 CMYK=91,92,47,16

RGB=139,151,165 CMYK=52,38,29,0

RGB=0,0,0 CMYK=93,88,89,80

该围巾造型设计充满童趣，围巾整体为米白色鹦鹉造型，外形美观的同时保暖功能也十分到位，整体造型搭配清新可爱。

RGB=18,16,18 CMYK=87,84,81,71

RGB=242,237,233 CMYK=7,8,9,0

RGB=232,183,25 CMYK=15,33,90,0

RGB=232,212,160 CMYK=13,18,42,0

#围巾 #服装色彩搭配应用技巧

围巾是一种保暖或遮阳工具,也可用作美观搭配装饰。围巾有多种系法和装饰风格,总有一种搭配风格适合你。

◆ 左图围巾为毛绒材质,适合于秋冬季节佩戴,在搭配服装的同时也兼顾到保暖的性能。

◆ 右图围巾为雪纺材质,适合于春夏季节佩戴,丝巾冰凉,不仅可以保护脖子,也可以起到很好的降温作用。

◆ 不同颜色、材质、款式的围巾有着不同的穿搭方法,合理穿搭才会为整体气质加分。

配色方案

双色配色	三色配色	五色配色

围巾搭配赏析

◎6.1.5　首饰

设计理念：图中项链采用了独特的立体焊接工艺和款式设计，与纯白色露背装宛若一幅浑然天成的画卷，似瀑布，又似峡谷。

色彩点评：晶莹剔透的钻石与白金是最完美和谐的搭配，搭配纯白色露背装，使整体造型更显精致优雅。

🔹佩戴钻石项链应与服装和谐呼应，看上去会更加动人。

🔹单色或素色服装，佩戴色泽鲜明的项链，能使首饰更加醒目，在首饰的点缀下，服装色彩也会显得十分丰满。

🔹色彩鲜艳的服装，佩戴简洁的项链，不会被艳丽的服装颜色所淹没，并且可以使服装色彩产生平衡感。

RGB=185,194,198 CMYK=32,20,19,0
RGB=245,244,247 CMYK=5,5,2,0

具有浓郁巴洛克风情的耳环搭配孔雀蓝镂空透视装，将异域美人的风情展现得淋漓尽致。

■ RGB=200,216,210 CMYK=26,10,19,0
■ RGB=0,31,79 CMYK=100,98,59,25
　RGB=233,243,244 CMYK=11,2,5,0
■ RGB=23,48,81 CMYK=97,88,53,25

该饰品为对称花纹指环和手环，搭配整体显得高贵优雅又极具时尚气息。手环的设计独特，给人以运动风尚感。

■ RGB=114,83,91 CMYK=62,71,57,11
□ RGB=244,244,240 CMYK=6,4,7,0
■ RGB=107,101,95 CMYK=65,60,60,8
■ RGB=45,42,40 CMYK=79,76,76,53

首饰作为戴于头部、颈部或手上的饰品可以用来装点衣物，也可用来体现社会地位、显示财富等，通常以贵重金属、宝石等材料通过复杂工艺制作而成。

◆ 不同款式的首饰可以让女性变得或叛逆不羁，或美丽优雅，所以无论什么年龄段的女性都应该拥有一款属于自己的首饰，而不同年龄段女性的首饰也要注意选择不同的搭配方法。

◆ 前卫型首饰一般造型别出心裁、极具个性，适合活泼好动、俏皮的女孩。如果肤色白皙，选用松石饰品最合适，同时再佩戴一条细线条金项链会显得更加妩媚娇艳。

◆ 穿着性感简约的服装，搭配具有鲜明个性特点的首饰，将是最完美的搭配。

配色方案

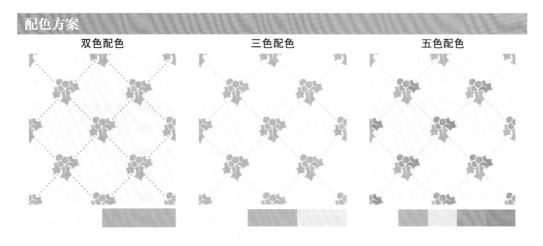

双色配色　　　　　　　　三色配色　　　　　　　　五色配色

首饰搭配赏析

◎6.1.6 妆面

设计理念：妆面选用酒红色和棕色作为眼影主色调晕染，娇艳欲滴的红唇作为整体妆面重点装饰，珊瑚色腮红进行细节修饰，搭配湖蓝色蝴蝶结网纱头饰，带给人洋娃娃般的精致优雅感。

色彩点评：嘴唇的红与头饰的绿形成了鲜明却柔和的颜色对比。眼影腮红搭配均属暖色调，整体妆面搭配过渡和谐，晕染色彩柔和，风格突出。

眼影可分为影色、亮色、强调色三种。影色是收敛色，涂在希望凹的地方或者显得狭窄的应该有阴影的部位。

使用纯度很高的色彩应慎重。运用化妆中色彩纯度对比进行搭配，分清色彩的主次关系，以避免产生凌乱的妆面效果。

- RGB=232,2,16 CMYK=9,98,100,0
- RGB=27,69,75 CMYK=90,68,64,28
- RGB=180,63,47 CMYK=36,88,90,2
- RGB=113,212,189 CMYK=56,0,37,0

整体妆面以橘色系眼妆作为重点，古铜色眼影加深眼窝，增强眼部深邃感，玫红色口红和橙色腮红提亮气色，搭配纱质白色皇冠，给人以白天鹅般的梦幻感。

- RGB=222,59,117 CMYK=16,88,32,0
- RGB=198,97,79 CMYK=28,73,67,0
- RGB=165,78,83 CMYK=43,80,63,3
- RGB=244,184,184 CMYK=5,37,20,0
- RGB=230,231,235 CMYK=12,9,6,0

整体妆面以突出红唇作为重点，所以眼影选用了相对低调的金属灰色，加上少量修容，整体妆面立体精致，给人一种朋克风的率性美感。

- RGB=189,8,34 CMYK=33,100,99,1
- RGB=97,74,68 CMYK=65,70,69,25
- RGB=225,214,210 CMYK=14,17,15,0
- RGB=71,139,160 CMYK=74,37,34,0
- RGB=10,4,4 CMYK=89,87,86,77

妆面 # 服装色彩搭配应用技巧

　　色彩搭配对于一个妆面的效果成功与否起着决定性的作用，色彩与明暗之间的对比，成就了每个妆容之间的差异和独特美感。

◆　左图妆面亮点在于腮红，灵感来自日本流行的"宿醉妆"，可为花哨的服装增添风情。

◆　右图妆面亮点在于眼妆，蓝绿色眼影跟黑色眼线的晕染与红唇形成了强烈鲜明的对比，给人以黑天鹅的戏剧夸张感受。

◆　花哨的服装应与清淡的妆面相搭配，以免整体形象过于脏乱；搭配纯色或较为淡雅的衣物，可化淡妆，也可在妆面上大做文章，以增添时尚感。

配色方案

双色配色	三色配色	五色配色

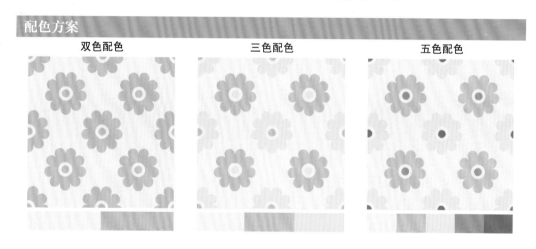

妆面搭配赏析

6.2 时尚元素

刺绣元素自创造以来一直备受推崇和喜爱，无论是时尚大牌还是日常服装都会运用到刺绣元素，且总能给人意想不到的惊喜。

每一件印花单品似乎都有它独特的存在意义。将印花元素与各种服饰单品进行交融搭配，让自己成为行走在大街小巷的流动花园。

蕾丝是专属于女性的时尚元素，它既优雅古典又充满现代创造力，具有不可替代的作用。将蕾丝装点于礼服裙，会为整体造型增添几分精致优雅；装点于日常着装，会为整体造型增添甜美气质。

◎6.2.1　刺绣

设计理念： 服装内搭为抹胸款式纱质白色拖地长裙，外搭为浅驼色羊绒质地带绒毛刺绣披风。整体造型在诠释优美圣洁的同时也凸显出了典雅的气质。

色彩点评： 白色抹胸长裙与外圈绒毛内外呼应，浅驼色披风也给人贴近柔和的视觉过渡体验，添加刺绣工艺的花纹更是体现出服装风格的华贵不凡。

🌸白色经典传统刺绣图案搭配浅色衣物，给人营造清新典雅的印象；深色偏现代感花纹刺绣工艺给人以时尚潮流的感觉。

🌸刺绣元素在现代审美的影响下风格百变，用于裙装显得复古优雅，运用于休闲装则凸显甜美可爱。

RGB=201,165,139 CMYK=26,39,44,0

RGB=242,221,212 CMYK=6,17,15,0

服装采用有光泽感的特殊材质制成，并用金色丝线绣制出太阳光芒放射性图案，整体颜色搭配古朴创新，饱含历史沧桑感。

■ RGB=205,122,28 CMYK=25,61,96,0

■ RGB=63,55,45 CMYK=73,71,79,45

■ RGB=239,226,177 CMYK=10,12,36,0

服装整体材质为纯色纱质面料，添加刺绣工艺和不对称透明款式设计，为服装整体增添了典雅的气质与美感。

□ RGB=241,242,237 CMYK=7,5,8,0

#刺绣#服装色彩搭配应用技巧

正确地运用刺绣元素对于服装整体造型起着至关重要的作用。精致优雅的刺绣元素可以将一件毫无亮点的服装装点得高贵优雅，这正是刺绣元素的迷人之处。

◆ 左图服装特点在于充分运用刺绣元素作为整体服装风格，白色衬裙搭配黑色刺绣，给人以黑天鹅浮于水面的拟物感。

◆ 右图为抹胸款式刺绣元素白纱晚礼长裙，用于刺绣工艺的晚礼服装束通常给人以华美无比的视觉效果。

◆ 中西方的刺绣元素含义大不相同，东方表现的更多是热情、喜庆，西方更多则是华美、高贵。

配色方案

双色配色	三色配色	五色配色

刺绣搭配赏析

◎6.2.2　印花

设计理念：服装整体为露背紧身款式长裙，裙体选用紫色过渡蓝绿色作为色彩主调，并印满鸢尾花、向日葵等植物，整体造型设计如同午夜中的夜莺，妖艳鬼魅。

色彩点评：服装想要表达穿着者妖艳的美，设计师独具匠心地选用紫蓝色过渡，搭配植物花纹印花，给人以静谧夜空般的奇妙体验。

① 将印花元素运用于裙装可以很好地干扰视听，用来遮挡身材缺陷是不错的选择。

② 印花可以根据服装底色转变不同的服装风格，浅色淡雅，深色或优雅或性感。

RGB=48,164,176 CMYK=74,20,34,0
RGB=70,55,138 CMYK=86,90,16,0
RGB=140,65,93 CMYK=54,86,52,5
RGB=228,208,177 CMYK=14,20,32,0

服装整体造型充满夏洛克风情，裙身印有玫瑰、蝴蝶，天蓝色的底色将人带入花园般的情境中，搭配发带和编织手包，为整体效果增添了几分田园风情。

RGB=221,208,32 CMYK=22,16,89,0
RGB=177,210,220 CMYK=36,10,14,0
RGB=160,32,37 CMYK=43,99,99,10
RGB=35,135,201 CMYK=79,40,7,0
RGB=166,91,36 CMYK=42,73,99,5

红绿两种近乎冲突的对比色通过印花方式完美地融合在了一起，搭配白色T恤和黑色高跟凉鞋，整体造型清凉舒爽、摩登时尚。

RGB=195,53,38 CMYK=30,92,95,1
RGB=79,97,72 CMYK=74,56,77,16
RGB=230,235,241 CMYK=12,7,4,0
RGB=12,12,14 CMYK=89,85,83,74

印花元素沿用至今，已经不再局限于传统或正式的服装，现代风潮将印花元素散播到各种服饰单品的搭配，任它们生根发芽。

◆ 印花元素不仅仅局限于花卉图案，还融入了民族风格元素，多种颜色交错相叠，带给人应接不暇的视觉感受。

◆ 内外兼修才能使服装搭配的魅力发挥到最大，用印花抒发自己的情趣审美，就是很好的搭配方案。

◆ 秋冬季节花朵枯萎，但我们可以把花卉元素穿着于身，让它随时开放。

配色方案

双色配色	三色配色	五色配色

印花搭配赏析

◎6.2.3　蕾丝

设计理念：一分精致，一分优雅，一分俏皮，促就了蕾丝的诞生，它是美丽不可缺少的伴侣。设计师将整套服装利用蕾丝的不同工艺、不同缝制裁剪方法向大家呈现了一个温柔婉约的女性形象。

色彩点评：服装内部选用米黄色衬裙，外裹纯白色蕾丝，搭配镂空露背和鱼尾设计，使服装整体线条更加清晰优美。

🔘蕾丝仿佛是刻着繁复花纹的古典铁艺大门上的静谧庄园。

🔘蕾丝的精致，会给人带来甜美的视觉感受，但搭配不同的时尚元素也会凸显出时尚大气的一面来。它并不再局限于小女生的甜美可爱，不同风格同样可以将蕾丝穿出自己的风采。

RGB=226,225,235 CMYK=14,12,4,0

RGB=203,199,196 CMYK=24,21,21,0

蕾丝品质温婉细滑，独特的灯笼袖设计和褶皱裙体给人以高雅华贵的印象。蕾丝仿佛天生就是为白色而生的。

RGB=232,243,242 CMYK=12,2,7,0

时而优雅清新，时而魅惑性感，蕾丝具有多层含义。简单的款式设计和独特的领口设计，使服装整体充满淡雅的成熟魅力。

RGB=231,221,219 CMYK=11,14,12,0

#蕾丝#服装色彩搭配应用技巧

说女人爱蕾丝，不如说蕾丝懂得女人。从蕾丝细腻钩针中仿佛诉说着女孩儿的心事，蕾丝使每一个接触它的女孩子都成为自己的公主。

◆ 蕾丝元素，尤关年龄、风格、季节和场合，都是必不可少的单品。

◆ 蕾丝或优雅高贵，或休闲随意，蕾丝元素可以与多种单品相互搭配融合，变成各种风格款式的服装造型。

◆ 蕾丝是精致脆弱的美，所以更需要付出耐心和细心进行呵护。

配色方案

双色配色	三色配色	五色配色

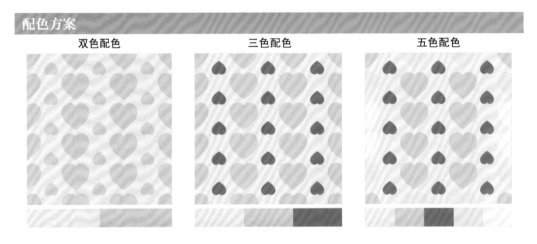

蕾丝搭配赏析

◎6.2.4 做旧

设计理念：古铜色做旧 T 恤搭配流苏袖细节，给人以草原上骏马飞驰的狂放不羁之感，红棕色短裤与头饰细节体现出浓厚的波西米亚风情。

色彩点评：古铜色做旧 T 恤与红棕色热裤，绝对是体现青春的叛逆不羁的最好的表达颜色，既体现了不同于大众的审美追求，又在传统复古的基础上加上了专属于年轻的色彩。

① 做旧元素与波西米亚风格有异曲同工之妙，均属休闲风格，所以将两种风格搭配并不冲突。

② 做旧风格更适宜搭配摇滚金属风格饰品，不宜搭配太过华美精致的珠宝首饰。

- RGB=99,78,77 CMYK=65,70,64,20
- RGB=105,46,47 CMYK=56,87,78,34
- RGB=147,87,83 CMYK=49,73,64,6

服装整体以深灰色做旧面料为主调，印第安风格头饰和孔雀蓝色编织腰带做点缀，整体造型充满了原始部落的神秘与现代时尚碰撞的火花。

- RGB=51,61,64 CMYK=82,71,67,36
- RGB=141,78,70 CMYK=50,77,71,11
- RGB=74,104,120 CMYK=78,58,47,3
- RGB=47,76,88 CMYK=86,68,58,19
- RGB=132,45,40 CMYK=49,92,91,23

褪色工艺使整体造型看上去颇耐寻味，立体的剪裁，巧妙的饰品搭配，让它散发着来自"做旧"的独特魅力，砖红色的运用在搭配上有着较大的选择余地。

- RGB=23,29,51 CMYK=94,92,63,49
- RGB=162,68,80 CMYK=44,85,63,4
- RGB=60,62,85 CMYK=83,79,54,21
- RGB=218,61,55 CMYK=18,88,78,0

做旧 # 服装色彩搭配应用技巧

以前，破旧的衣物是贫穷和懒惰的象征。现如今随意松散的磨边剪裁设计风靡全球，在保留了实用性的同时，独立的剪裁设计使面料廓形更具质感。

◆ 着装选用做旧元素时，上装和下装应合理搭配，避免上下装元素重叠，显得服装搭配过于混乱。

◆ 具有印第安风情或波西米亚风的头饰，都是搭配做旧元素的不错选择，在丰富整体造型细节的同时，将异域风情巧妙地融合在一起。

配色方案

双色配色	三色配色	五色配色

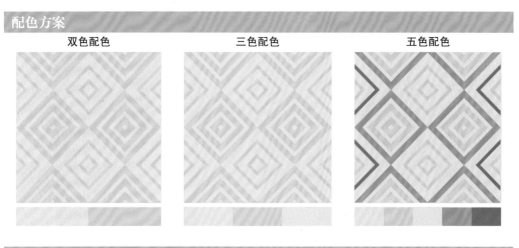

做旧搭配赏析

◎6.2.5 镶钻

设计理念： 服装整体以白色纱质面料作为主体，腰间点缀一圈细钻，与钻石首饰交相辉映，款式简洁，线条明了，凸显华贵气质，整体精致优雅。

色彩点评： 白色作为底色搭配钻石装饰，会显得整体造型更加圣洁优雅，并且两者互不冲突，给人以精美绝伦的视觉美感。

① 裙摆处的设计也是别具匠心，使用硬挺的欧根纱材质打造出似涌起的浪花般的美妙效果。

② 钻石是永恒的象征，也是美丽的化身，将钻饰镶嵌于礼服裙间更是美好寓意的传达。

③ 钻饰镶嵌于衣物之上会增添华丽感，去掉钻饰的衣物会显得素气、淡雅。

RGB=246,247,241 CMYK=5,3,7,0

RGB=215,200,181 CMYK=19,22,29,0

服装整体款式为鱼尾状，披满波光粼粼的钻饰，仿佛刚浮出水面的美人鱼，服装整体将镶钻元素与服装款式结合得恰到好处。

RGB=223,227,236 CMYK=15,10,5,0

RGB=178,196,214 CMYK=35,19,12,0

将钻饰元素应用到网状图案纱质小礼服上，也是有着让人惊艳的视觉效果，服装整体造型星光闪耀，引人注目。

RGB=50,56,75 CMYK=85,79,58,29

RGB=23,23,25 CMYK=86,82,79,67

RGB=183,188,190 CMYK=33,23,22,0

＃镶钻＃服装色彩搭配应用技巧

镶钻元素不仅可以应用在出席高档、正式场合的穿着服饰上，在现代社会潮流的影响下，镶钻元素也可以应用于各类休闲服饰，镶钻元素为服装的多样性更加增光添彩。

◆ 钻镶元素可以应用于呢大衣、毛衣等温暖的单品，也有夹克、长裙或者短裤等清凉的穿法，也是一大流行趋势。

◆ 裤装搭配以修身短款为宜，能在视觉上平衡衣衫宽大感， 配以T恤等单品，活泼俏皮，别具减龄效果，流行的披挂式穿法可凸显摩登气场。

配色方案

双色配色	三色配色	五色配色

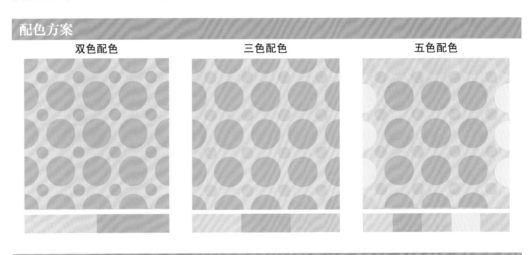

镶钻搭配赏析

雅。在灯光的配合下，让人仿佛置身于美轮美奂的水晶宫。

色彩点评： 淡绿色富有光泽感材质面料，行走之间水光潋滟，裙体镶嵌金色铆钉图案，为整体服装造型增添精致华美。

🔵 服装款式采用了鱼尾设计，跟衣料的特殊质地相结合，使女性清晰纤细的线条美得到了更好的诠释。

🔵 将铆钉元素融入礼服中的想法别出心裁，高贵典雅的礼服与铆钉元素完美演绎出奇妙的视觉冲击。

| | RGB=214,223,204 CMYK=20,9,23,0 |
| | RGB=226,220,158 CMYK=17,12,45,0 |

设计理念： 服装融入极具品牌风格的先锋艺术感，将金色铆钉拼贴成海中元素，加入淡绿色长裙中，展现出美人鱼般的优

铆钉与皮质夹克是一对时尚潮流的黄金搭档，似乎铆钉就是为机车服而生一般。整体服装搭配简洁率性，英气逼人。

■ RGB=3,4,4 CMYK=92,87,87,78
■ RGB=204,206,217 CMYK=24,18,11,0
■ RGB=43,56,79 CMYK=89,81,56,26
□ RGB=239,239,242 CMYK=8,6,4,0

将铆钉元素融入雪纺衬衫，仿佛注入了一股慵懒的力量。整体服装造型体现休闲百搭特性的同时，给人以摇滚叛逆的感觉。

■ RGB=23,23,25 CMYK=86,82,79,67
□ RGB=220,234,232 CMYK=17,4,11,0
■ RGB=196,185,152 CMYK=29,27,42,0

铆钉 # 服装色彩搭配应用技巧

　　铆钉元素一直以来都被广泛运用，既可装点服饰，又能够与饰品相结合，给人以炫目帅气的视觉效果。

　　◆ 高跟鞋可以很好地展现出女性的完美曲线。高跟鞋种类繁多，而铆钉高跟鞋以一种硬朗的美一枝独秀。

　　◆ 红色铆钉高跟鞋热情似火，可以搭配一件灰色或黑色的长款上衣，下身搭配一条打底裤，给人以职业性感的女王着装范儿。

　　◆ 酷味十足的铆钉鞋帅气百搭，运动装、呢子大衣、风衣外套都可以与其进行搭配。

配色方案

双色配色	三色配色	五色配色

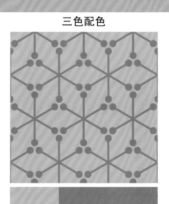 

铆钉搭配赏析

色彩点评：服装整体采用卡其、黑色、酒红色三色组合，作为服装整体配色。整体色彩过渡和谐，毫无侵略感。添加纽扣元素更丰富整体细节。

🔵纽扣将衣服连接起来，使其严密保暖，可使人看上去仪表端正。

🔵精致的纽扣更加烘托出衣物的美感。纽扣是服装整体设计中不可或缺的一部分。

🔵纽扣的颜色样式通常与服装配套，以体现整齐划一。

RGB=159,131,119 CMYK=45,51,51,0

RGB=0,0,0 CMYK=93,88,89,80

RGB=57,11,13 CMYK=66,94,91,64

设计理念：衣服搭配扣子十分讲究，可以起到画龙点睛的作用。卡其色针织衫搭配木质扣子，塑造出居家闲适的形象。

服装造型中加入了纽扣元素，使服装整体整齐有礼，若去掉纽扣元素，整体服装将失去特色，足以看出纽扣在服装设计中的重要性。

RGB=253,249,246 CMYK=1,3,4,0

RGB=14,14,14 CMYK=88,83,83,73

RGB=156,141,115 CMYK=46,45,56,0

职业服装的风格庄重整齐，穿着时间长。除外观以外，在质量方面也要考虑耐用性，因而常以轻质地材料纽扣作为首选。

RGB=37,38,43 CMYK=84,79,71,54

RGB=11,10,10 CMYK=89,85,85,75

RGB=140,96,87 CMYK=52,67,63,6

RGB=75,53,64 CMYK=72,80,64,35

　　纽扣主要的作用是将衣物连接起来，为服装整体增添保暖性。现今，纽扣也可以作为装饰材料用于服装装饰或者其他装饰品上。

　◆　夏季穿着的时装色彩鲜明，适宜使用质地轻盈的纽扣，使服装整体造型细节、风格和谐统一。

　◆　除了考虑到与衣物的协调统一，还要考虑纽扣的形状材质是否会损坏衣物。

　◆　金属纽扣显得刚硬稳重，木质纽扣显得古典质朴。只有从细节下手，不同风格衣物搭配不同材质工艺的纽扣，才能更好地诠释服装整体特点。

配色方案

双色配色	三色配色	五色配色

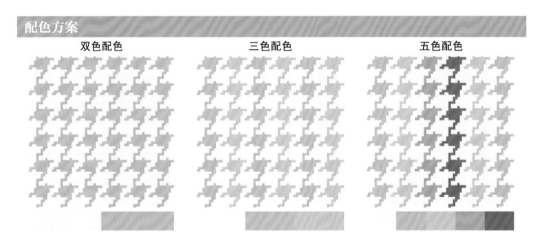

纽扣搭配赏析

6.3 设计实战——不同年龄人群不同风格的配饰搭配方案

萌系可爱少女配饰	分　析
设计师清单： 	● 本套配饰搭配方案适合于可爱着装风格的年轻女性。服装整体配色活跃，色彩饱和度高。所以配饰色彩饱和度就要降低，给人以层次丰富的配色印象。 ● 大红色露肩雪纺上衣搭配高腰雏菊印花牛仔短裙，服装整体造型热辣甜美。服装配饰也以清新可爱的风格为主，粉色、白色、婴儿蓝都极具少女色彩。 ● 服装选用鲑红色高腰短裤搭配白色皮质绑带凉鞋，与米白色水桶形挎包形成了巧妙的对比，更加丰富了整体服装造型的层次质感。
朋克摇滚少女配饰	分　析
设计师清单： 	● 本套配饰搭配方案适宜风格大胆的年轻女性佩戴，可应用于配色活跃的朋克摇滚风格服装。 ● 服装以上身浅色调双色拼接水波纹图样紧身T恤，作为主要色彩基调，下身搭配一条具有光泽感的皮裤，构成简约前卫的现代轻摇滚主义的着装风格。 ● 金属材质铆钉手环与黑色皮质绑带高跟鞋上下呼应，暗色系口红与铆钉手包的运用，为整体增添了更为野性的时尚元素。

职业女性正式着装配饰	分　析
 设计师清单： 	 ● 本套服装配饰搭配适合于职业风格服装搭配的女性。服装整体配色简约明了，由黑、白、绿三色构成，款式设计与色块拼接形成了完美的对比融合。所以，配饰颜色不应太过出挑，应以淡色系为主。 ● 结合穿着者的出行场合与服装款式，搭配淡金色首饰与米色包饰，衬托出整体服装搭配更为沉稳内敛的气质。 ● 黑色大檐礼帽与黑色鱼嘴高跟凉鞋的搭配，给人以成熟知性的视觉印象。
职业女性日常着装配饰	分　析
 设计师清单： 	 ● 本套配饰搭配方案适宜于年轻白领女性日常出行服装。服装以玫红色作为主体，千鸟格元素与蕾丝元素形成完美的结合，所以服装配饰也应围绕红色系进行搭配。 ● 服装整体设计为玫红色无袖款式千鸟格拼接蕾丝连衣裙，一条细款皮质腰带便轻松地塑造出了纤细的身体曲线，服装整体造型给人以知性甜美的视觉印象。 ● 枣红色的羊毛毡礼帽、皮粉色包饰和米白色镂空高跟鞋，搭配整体服装造型，诠释出一种循序渐进的舒适色彩美感。

温暖阳光型男装配饰	分　析

- 本套配饰搭配适合于着装风格清新阳光的年轻男性。整体色彩饱和度较高，明度较低，由多种颜色单品构成，却给人以明朗舒适的视觉感受。
- 服装主体配色较多，所以配饰色彩应从简。蓝灰色拼接棒球帽与深紫色哈伦裤形成相近色对比，深灰色背包与深灰色布洛克鞋相互呼应。与牛仔外套相搭配，塑造出阳光帅气的形象。
- 运动型手表与电子产品也是必不可少的搭配，更加符合现代年轻人的服装搭配风格。

设计师清单：

潮流嘻哈型男装配饰	分　析

- 本套配饰搭配方案适合于潮流嘻哈风格的年轻男性。服装整体最大的亮点就在于贴布式拼接皮夹克，为了突出主体，配饰应较为清淡。
- 带有铆钉元素的白色高帮运动鞋，更为凸显整体服装的风格特色，并能起到提亮整体服装色彩的作用。
- 黑色墨镜和金属质地耳环，绝对是潮流男性必不可少的配饰，能够衬托出穿着者的时尚前卫。

设计师清单：

商务男性正式着装配饰	分　析

设计师清单：

- 本套配饰搭配方案适合于出行正式场合的商务男性。服装整体为修身款式黑色西服套装，搭配亮灰色内衬和三色拼接条纹领带，整体造型正式却不死板。
- 用于正式场合的西服套装不适宜搭配太过花哨的图案面料，所以在领带上可以大做文章。活跃的图样适合朋友聚会的轻松场合，经典的图样适合工作开会的正式场合。
- 想让单调乏味的西服套装焕发新的生机，却又不想过于随意，不妨从细节处着手，改变口袋巾的搭配与折叠方法。

商务男性雅痞着装配饰	分　析

设计师清单：

- 本套配饰搭配适合于穿衣风格颇具质感的成熟男性。浅卡其色西服套装与棕红色腰带、皮鞋形成了鲜明的明暗度色彩对比，使服装整体造型显示出更为丰富的层次质感。
- 也可以选用灰黑色系配饰，搭配整体服装造型，呈现出不同风格的色块碰撞。
- 鹅黄色口袋巾与金色腕表的细节搭配，更加凸显整体造型的独特气质。

第7章 服装配色设计的秘籍

　　服装配色是服装整体造型设计至关重要的环节。服装色彩搭配得当，会使人显得端庄优雅、风姿绰约；搭配不当则会显得不伦不类、俗不可耐。想要巧妙地利用服装色彩神奇的魔力，使服装品位进一步提升，就需要设计者熟知服装配色基本原理，掌握服装色彩搭配的方法、技巧。

◆　　注意色相之间的穿插、重叠、呼应、主次关系的和谐统一，重点强调统一调和的因素，要达到多而不乱、多变而统一的效果。

◆　　相似色搭配较同色搭配难度更大，也更讲究技巧，不仅要掌握色相纯度和色相变化，还需要同时掌握色彩之间的明度差异。

◆　　色彩明度渐变可以使用单色渐变推移，也可以是多色渐变推移。将色彩按明暗程度由浅到深有规律地做阶梯状排列，可在视觉上给人强烈的节奏感。

7.1 挑选专属于你的"定制"风格

挑选适合自己的服装配色可以从以下几个方面入手。

（1）服装配色合理协调与服装整体风格、版型效果息息相关。

（2）不同年龄层次和性格体征都有不同的搭配方法，昂贵并不一定是最好的，适合自己才是最重要的。

（3）黑白色是最经典、最不易出错的搭配组合，并且不挑年龄和身材，灵活运用便可以搭配出多种不同风格的搭配方法。

（4）利用相近色搭配也是不错的方法，服装整体配色会给人和谐舒适的视觉体验。

服装整体选用大面积的明黄色作为底色与红色和蓝色相搭配，增强了整体的视觉冲击力。印花元素的加入为整体风格填入了嘻哈运动的成分，凸显时尚前卫。

- 毛领的搭配，更加强调服装整体功能的保暖性。
- 面部和腿部的网纱上下呼应，为服装整体增添了更为丰富的内涵。

服装上身选用深蓝色彼得潘领针织上衣，搭配下身天蓝色丝缎材质帆船图案短裙，整体甜美可人，气质优雅。

- 蝴蝶结绑带高跟鞋更是与整体服装风格相辅相成。
- 甜美的穿衣风格适合少女，也适合居家的主妇。美观的同时也具有舒适便捷的特点。

服装上身以白色Ｖ领Ｔ恤衫打底，整体亮点在于棕色、鹅黄、白色拼色皮裤，整体服装简洁大气，极具现代气息。

- 鱼嘴高跟鞋装饰有铆钉，为整体服装风格增添几分英气。
- 黑色皮质护腕与黑色手包的细节搭配率性十足，展现出女性独立阳刚的一面。

7.2 好衣品才是成功的基础

　　穿着不当和不懂穿衣的女性永远不能在人群中脱颖而出，穿着得体虽然不是保证女性成功的唯一因素，但是穿着不当一定会成为服装搭配路上的绊脚石。

　　服装大面积使用荧光黄，并不可取，不仅不会让人有时尚的感觉，还会给人以刺眼、厌烦的视觉感受。

- 荧光黄应用于夏季服装是一种独特的潮流风尚，但并不适合与深色衣物搭配，会给人以压抑沉闷的感觉。
- 荧光黄可以与白色进行搭配，球鞋作为陪衬，可以营造出一种充满夏日气息的亮眼装扮。

　　服装使用大面积的绿色，易让人产生视觉疲劳，而鞋子又选用了湖蓝色，服装整体搭配明度过高，给人以烦琐累赘的感觉。

- 绿色与黑色蕾丝是极为不搭的一套组合，给人俗不可耐的感觉。
- 湖蓝色的长靴也给人扎眼跳跃的视觉印象，整体搭配并不和谐统一。

　　水蓝色清淡优雅，而短裙配色过于鲜艳妖冶，服装整体配色没有过渡感，略显突兀。

- 水蓝色清新淡雅，可以尝试相近浅色搭配，服装整体搭配会更加显得气质高雅。
- 鞋子选色过深，服装整体给人沉闷压抑的感觉，整体配色不是很合理恰当。

7.3 改变，从即刻开始

不能因为日常生活的繁忙琐碎就忽略令人散发光彩的服装配色搭配，不要再沉迷于繁忙的工作之中，趁着阳光正好，趁着青春年少，展现出属于现代年轻人特立独行的个性风姿吧！

服装上身为 OL 风格不规则 V 领衬衣，下身并没有墨守成规地选用黑色西裤搭配，而是选用了具有热带风情的不规则短裙与之搭配，带动整体气氛，使服装充满时尚混搭的现代风情。

● 两种相近元素虽然是最保险、不会出错的搭配方式，但偶尔将两种不同元素风格的单品搭配在一起，会出现意想不到的效果。

● 鞋子与上装风格呼应，整体可作为日常服装穿着，而作为工作着装也不会失礼。

服装整体版型看似简洁明了，实则蕴含心机。服装整体材质用料大胆，选用轻薄透气的薄雪纺，完美曲线一览无遗，简约间尽显性感风姿。

● 碎花元素图样不适合与太过鲜艳杂乱的单品相结合，只会使整体显得更加脏乱，俗不可耐。

● 性感并不等同于暴露，简洁的细腰带和马丁短靴的搭配就别具风韵，整体线条纤细精致、若隐若现。

服装具有大面积的花纹图案，是一件显瘦的法宝。纯色和浅色的衣物很显胖，但通过图案的分布就可以简单地解决这种问题。

● 服装整体设计懂得扬长避短的重要性，将腹部和腿部不满意的部位通过版型和图案的应用遮挡住，将重点转移到 V 领图案和胸口处眼睛的设计，十分吸睛。

● 鱼嘴露背高跟鞋与皮质铆钉颈圈的细节结合，更加衬托出整体服装风格的野性。

7.4 精辟独到的晚宴搭配

宴会是正式庄重的场合，得体的穿着，不仅可以显得端庄优雅，还可以体现出现代文明良好的道德修养和独到的精神品位。

服装以白色欧根纱材质无袖长裙作为打底，外罩一层卷曲图案网纱。服装整体造型好似徐徐打开的精致鸟笼，给人以灵动优雅的视觉感受，在晚宴中显得格外清新脱俗。

- 黑白搭配是最为经典的搭配，将其应用于晚宴着装会给人以精致典雅的感觉。
- 晚宴礼服不适合用太活跃、跳眼的色彩搭配，难以给人稳重大气的感觉。

这套晚宴礼服亮点在于低胸处设计，制造出花团锦簇的视觉效果。蓝紫配色给人以夜空般的静谧感，如同一颗明珠，散发出淡雅精致的光芒。

- 蓝紫色应用于晚宴礼服妥帖恰当，性感中透露着难以言喻的高贵。
- 碎钻元素的装饰更是锦上添花，无须过多的珠宝首饰搭配，服装本身就是源源不断的发光体。

一抹清新的淡绿色如同一股清泉涌入人们的眼帘，这样与众不同、清新可人的晚宴装扮能否赢得你的倾心？

- 服装选用清凉的湖绿色定义晚宴着装，给人清新自然、眼前一亮的感觉。
- 裙体表面有规则性大面积亮片装饰，搭配鲜亮的服装配色，让人仿佛置身于波光粼粼的海水之中。

7.5 约会穿搭"潮"我看

怎样才算是理想的约会着装？在简洁、利落、醒目三个要点上进行充分发挥，掌握扬长避短的技巧，可以充分展现出你的气质。美丽的外形会给人信心，令人增色不少。

服装选用简洁清新的运动风，三道杠长筒袜给人的印象尤为深刻，略带小叛逆的少女形象，一定会让你的约会对象过目不忘。

● 熊耳礼帽为服装整体增添了俏皮可爱的气息。

● 浅紫及深紫的渐变发色尤为亮眼，搭配红色圆框墨镜，为整体风格营造出一种时尚玩味的青春形象。

卫衣搭配百褶中裙同样可以营造出一种甜美浪漫的感觉，穿着舒适透气。展现日常生活着装状态的同时，也不失为一种好的约会穿搭风格。

● 深蓝色蝴蝶结甜美高跟鞋与上装卫衣呼应，在休闲舒适中融入柔美细致的元素。

● 百褶裙款式设计为双色搭配，这样不仅丰富了整体细节，并且在一定程度上干扰视觉，使整体线条更加纤细修长。

服装整体选用款式色彩简洁的黑色吊带百褶短裙，在炎热的夏季仿佛注入了一丝清新的凉气。

● 服装整体简单明了，侧重点在于豹纹绑带粗跟鞋，使整体风格更加摩登时尚。

● 轻装出行搭配大包一定会显得头重脚轻，比例不协调。而链条挎包是最好的选择，整体造型真实自然，不显矫揉造作。

7.6 小清新出行攻略

天气晴朗的周末，去海边晒日光浴，还是到市郊呼吸新鲜空气？再或是跟闺蜜一起商场购物？合理完善的服装配色搭配会让你抢眼出众，牢牢抓住路人的目光。

雪纺质地轻薄透爽，棉质衣物吸汗透气，两种材质单品都是炎炎夏日必不可少的服装材料。在体现优美外观的同时又能保证舒适的穿着体验。

- 坡跟凉鞋极具夏日风情，与服装整体风格搭配和谐统一，并且便于出行，不会过于劳累。
- 军绿色棉质背心与卡其色麻布背包具有十足的默契感，服装整体搭配休闲轻巧。

服装上身选用小雏菊图案棉质上衣，下身以蕾丝网纱短裙做搭配。服装整体设计充满美式乡村田园风情。

- 铆钉吊带款式平底凉鞋清新甜美，与整体服装设计风格相辅相成。
- 搭配清新田园风格的服装并不需要繁多的色彩拼接与饰品搭配，毫无修饰就是最好的修饰，回归自然，做回自己。

服装整体由米色宽松棉质衬衫和高腰牛仔热裤组成，整体风格随性不羁中又隐藏着小性感。

- 白色帆布大包与款式宽松随性的上装相呼应，较大的容量，适宜在购物或短途出行中携带。
- 将黑丝元素加入整体设计更增添了一丝女性成熟性感的韵味，丰富了整体风格的结构层次感。

7.7 做职场百变搭配女王

能否正确合理地搭配服装，对于职场和人际关系交流起着至关重要的作用。想要在人才济济的职场中脱颖而出，在拥有卓越的工作能力的同时，良好的衣着品位也能够为你带来意想不到的人生际遇。

服装整体采用白色、浅蓝色和深牛仔蓝作为色彩构成，整体版型颇具职业干练的味道，线条清晰挺括，简洁明了。

- 蓝色蛇皮纹手包与衬衫内外呼应，是整体服装造型的一大亮点。
- 牛仔蓝色高腰阔腿裤占据整体造型大面积比例，却不会显得过于臃肿肥扩，纤长简洁的线条给人以眼前一亮的感觉。

服装主体以及配饰都选用深色调，如此冷冽干练的穿衣风格十分符合职业着装打扮，充分抓住了职业装的精髓。

- 漆皮亮面的宽腰带将上下身分区，使下身比例显得更为修长挺直。
- 内衬的亮绿尤为跳眼，也为整体深色系的着装风格带来了一丝如沐春风的气息。

服装上身为深蓝色针织面料打底衫，下身为卡其色哈伦阔腿休闲裤，配有酒红色铆钉装饰手拎包。整体造型闲适优雅，充满女人味。

- 领口缀有婴儿蓝色蝴蝶结，与针织衫产生强烈的明暗对比，引人注目。
- 皮包与凉鞋相呼应，酒红色与整体服装设计风格相符，给人以舒适的视觉感受。

7.8 服装配色决定个人气质

保持优雅美丽是女性永远的必修课。根据场合、人物性格、体态等多种因素，选择适合自己的服装配色，才能够改变并提升自身气质。

服装整体采用大面积撞色条纹元素，明暗对比强烈，给人营造出一种欢快俏皮的视觉感受。

- 服装整体选用充满现代感的撞色方案，搭配休闲风格款式，将整体搭配呈现得更为立体动感。
- 若将服装整体颜色替换为黑白或深色调，呈现出来的风格则更为摩登时尚。

服装整体和鞋子包饰都选用水青色，裙体的丝布缠绕设计如同清涧中的溪水，色彩轻灵，引人遐想。

- 绑带细跟高跟鞋将服装整体诠释得更加清幽缥缈，符合服装设计风格。
- 若将裙体和配饰颜色都换作大红色，便给人以热情似火的印象，不同的服装配色可以呈现出不同的风格。

服装整体以大红色为主，富有层次感的设计和褶皱花边使整体更具有立体感，鲜艳的配色适合于正式场合或者出席喜宴穿着。

- 黑色的链条斜挎包搭配服装整体，更加凸显气质端庄典雅。
- 若将裙体替换为白色，服装整体造型会显得更加圣洁高雅，仿若仙子翩翩入世。这更充分强调了色彩搭配对服装的重要性。

7.9 "轻量级"的巧妙穿搭

想要有显瘦的穿衣风格，必须学会扬长避短。将自己的缺点遮盖起来，并尽可能地将优点凸显出来。尽量挑选深色衣物多层次感搭配或者选择竖向印花图案，造成收缩的视觉效果。

上装为棉质宽松条纹 T 恤衫，下装为深蓝色厚雪纺质地中裙。高腰设计拉长腿部比例，并且遮盖住腿部，是一种不错的穿搭方案。

- 棕红色书包很大，在整体搭配中容易引起人们的注意，在一定程度上也遮挡了身体，起到了显瘦的效果。
- 厚底松糕鞋起到增高作用的同时，也拉伸了整体高度，使穿着者显得更加挺拔高挑。

服装为深 V 领深紫色收腰碎花连衣裙。深色调衣物本身就给人收缩的视觉感，碎花元素干扰视觉感受，收腰设计提升腰线。

- 雪纺材质质地凉爽轻盈，在达到显瘦目的的同时也不会显得过于厚重。
- 深 V 领设计尤为出挑，充分发挥了扬长避短的精髓，将穿着者衬托得风韵十足。

服装整体采用欧根纱材质，碎花元素覆盖裙体表面，加上黑色的服饰配色，整体设计给人收缩视感，伞状的裙型也可以起到很好的遮挡作用。

- 黑色细跟尖头鞋在很大程度上拉长了腿部线条，使穿着者显得修长高挑。
- 半透明网纱的设计细节，给整体增添了梦幻般的朦胧美。

7.10 合理搭配让你自信十足

衣着打扮不仅是为保暖，还代表着自己的生活理念态度以及气质修养。现代人喜欢将自己天马行空的想法加之其中，良好的衣着搭配更是令人状态倍增，闪耀出自信的光芒。

　　服装整体款式定义为几何图案无袖连衣短裙，用黑色宽腰带轻松地将纤细的腰部曲线完美地呈现出来。

- 服装整体版型干净利落，在视觉上拉长了腿部线条，让人显得更加挺拔高挑。
- 简洁明了的衣着搭配更能凸显穿着者独特的性格特征。

　　服装整体选用军绿色和米白色拼接而成的色调风格，色彩过渡和谐舒适，整体造型给人以自信大方的印象。

- 整体配色给人柔和的视觉感受，添加富有光泽感的金属元素手镯，丰富了整体看点。
- 腰带的运用巧妙地将两种颜色融为一体，衬衫裙的设计风格赋予了穿着者更加知性典雅的气质。

　　服装整体材质定义为丝缎面料，并缀有香槟色钻饰。独特的剪裁设计巧露香肩，整体造型自信得体、大女人味十足。

- 黑色腰带的融入是整体服装造型的一大亮点，塑造出纤细的腰部线条。
- 材质柔软细滑的裙体，搭配风格刚硬的皮质绑带高跟鞋，一软一硬碰撞出了奇妙的创意火花。

7.11 玩转搭配游戏，造就百变女人

　　不同的花有不同种芬芳，世间万物都有它存在的意义。女性也不例外，女性用双手创造美的同时，也在以各种姿态和风格来装点美好的世界。所以，女性更应该丰富自身，以多元化的美来回应世界。

　　服装整体选用色彩明度较低的军绿色，充满了英姿飒爽的率性气息，皮质细腰带也衬托得穿着者更加干净利落，塑造出一个中性帅气的风格形象。

● 草绿色皮质手包的设计抢眼突出，与军绿色长款风衣形成了鲜明的明暗色彩对比。
● 鞋子选用皮革质地奶白色鱼嘴坡跟鞋，提亮了整体服装色调，整体配色风格稳重却不沉闷。

　　浅蓝色针织上衣与深黑色阔腿牛仔裤搭配显得尤为居家，一明一暗的搭配运用合理巧妙，给人柔和的视觉感受。

● 棕褐色磨皮高跟鞋的搭配拉长脚腕处线条，显得腿部线条更加修长。
● 羊毛毡材质礼帽尽展小资风情，服装整体造型搭配充满浓厚的北欧风格。

　　平淡无奇的高领挑花针织毛衣，搭配雪纺质地拼色不规则几何图形长裙，摇身一变成了颇具中世纪欧洲意味的穿搭。

● 整体服装造型的亮点在于细腰带在高腰处的放置，搭配长裙拉长下身比例，更加显得高挑纤细。
● 裙体印有不规则图案，在传达出特立独行的时尚信息的同时，又极具复古韵味。

7.12 缤纷搭配，每天变换好心情

无论是学习还是工作，都需要一个良好的精神状态来支撑我们度过美好的一天。合理的衣着打扮会让人身心愉悦，想要拥有元气满满的状态就从衣着打扮开始吧！

服装特点在于选用多种色彩撞色搭配方案，给人营造出一种跳跃活泼的视觉感受，适于夏季出游搭配。

- 服装设计虽然运用多种颜色，却不给人杂乱无章的感觉，合理运用相近色搭配，就算不化妆同样可以"装"出好气色。
- 鸭舌帽与平底鞋颜色上下呼应，如此协调统一的搭配，给人赏心悦目的视觉感受。

大面积印花图案宽松Ｔ恤，搭配橘红色高腰皮质百褶裙，给人一种置身盛夏狂欢派对的即视感。

- 高腰短裙设计更显腰部纤细，腿部修长，在整体造型中显得尤为亮眼。
- 鹅黄色明度较高，搭配整体造型更加显得青春靓丽。

橙红色的上装短外套搭配向日葵图案雪纺短裙，整体服装造型给人以热情似火的第一印象。

- 皮质高跟短靴在一定程度上拉长了腿部线条，为整体造型增添了一丝中性率真的气息。
- 服装整体造型配色大胆活跃，给人以强烈的视觉冲击感。

7.13 宅在家也美丽

　　家不仅是住所，也是休息放松的港湾。在经历了现代元素的洗礼升华后，居家服装已经不局限于睡觉穿着，而是以一种全新的形式呈现在大众面前。

　　服装选用水蓝色蕾丝作为材质，巧妙的低胸设计露出丝缎材质内衣，服装整体造型充满女人味，性感十足。

- 蕾丝质地细滑柔软，穿着感受冰凉透气，适合夏季家居服装。
- 内衣材质为丝缎面料，丝缎手感丝滑细腻，富有光泽，并且内衣能够起到很好的塑形修身效果。

　　服装选用黑色灯芯绒作为整体服装材质，吊带的款式设计可以将锁骨的美感完整地展现出来。整体造型给人以性感却不暴露的舒适美感。

- 有一定厚度的灯芯绒材质，具有柔软贴身的特性，适宜春秋季节穿着。
- 胸口处和裙摆处添加有蕾丝元素，在丰富整体服装造型层次感的同时，也使细节更加完善。

　　整体服装选用白色雪纺作为主要材质，款式简洁大方，深 V 领设计更显韵味十足。

- 雪纺材质轻盈柔滑，夏季居家服装多采用雪纺材质。
- 中长款衬衫款式是常见的夏季家居服装风格，在保证穿着舒适透气的同时更凸显腿部纤细，具有成熟女性的独特美感。

7.14 换季巧搭配，色彩正流行

换季时节总是让人措手不及，告别夏日的燥热迎来秋季的凉爽，什么样的搭配方案可以在保持温度的同时又亮眼出挑？可以用色彩来解答你的疑惑。

服装上衣搭配富有层次感，白色内衬与格子衬衫和藏蓝色针织开衫外套形成了柔和的过渡感，搭配卡其色紧腿休闲裤，为整体服装营造出了一种慵懒的北欧风情。

- 蓝色堆堆袜不仅完善整体细节，在换季时期还能够很好地保护脚腕不受凉。
- 深褐色磨皮高跟短靴与红棕色皮质斜挎包上下呼应，给人以悠闲放松的视觉感受。

服装上身选用靛蓝色宽松款式挑花工艺针织毛衣，搭配下身漆皮材质亮面短裙。整体搭配休闲舒适，帅劲十足。

- 短裙和挎包颜色均定义为黑色，但质感不同，一暗一亮形成鲜明有趣的对比，增添了整体看点。
- 淡蓝色厚底鱼嘴松糕鞋和藏蓝色鸭舌帽的搭配也为整体服装设计增色不少，形成一种兼顾保暖和潮流搭配的配色方案。

服装上身选用姜黄色针织工艺上衣，下身搭配雪纺材质宽松白色七分裤，整体造型给人以优雅随性的视觉感受。

- 包饰面料选用皮质亮面，添加金属元素衬托整体造型更富有光泽感。
- 鞋子选用灯芯绒面料坡跟短靴，和包饰相互辉映，与整体造型形成了强烈的明暗色彩对比。

7.15 玩转色彩，变身"乖乖牌"

在日常生活中，很多情况下我们是不能随心所欲地穿衣搭配的，那么当面见重要的人或者长辈的时候，怎样搭配才得体讨喜呢？让色彩来告诉你答案。

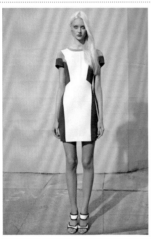

服装整体造型只选用白、蓝、紫三种颜色构成，就是这样简洁利落的配色与剪裁反而更加突出穿着者的本质特性。

- 服装亮点就在于，巧妙运用配色设计方案，使服装整体在视觉上呈现出很明显的收缩效果，同时并没有给人杂乱无章的感觉。
- 白色绑带高跟凉鞋，与服装整体造型相呼应，给人干净清爽的视觉感受。

整体服装造型选用白色、藏蓝色、大红色三种色系，色彩明度的巨大差异使服装呈现出一种独有的简洁线条与色块拼接的美感。

- 雪纺材质宽松白色 T 恤搭配藏蓝色雪纺阔腿裤，给人以简洁干练的感觉。
- 大红色绑带高跟鞋与酒红色铆钉手拎包形成错落的明暗对比，为服装整体增添了丰富的层次质感。

服装整体以浮雕蕾丝连体短裙作为主体，搭配酒红色皮质手包与酒红色长靴，色彩饱和度和明度的巨大差异形成了奇妙的对比搭配。

- 选用两种色相差异大的色彩搭配时，尽量选用两种单品相互搭配，使服装整体配色不会过于突兀脏乱，制造出意想不到的视觉效果。
- 酒红色长靴与连衣短裙的搭配，在视觉上使腿部线条更显纤细修长，给人以甜美文静的印象。